ChatGPT 超入门

ChatGPT For Dummies

[美] 帕姆·贝克（Pam Baker）　著
方军　译

中信出版集团 | 北京

图书在版编目（CIP）数据

ChatGPT 超入门 /（美）帕姆 · 贝克著；方军译 . --
北京：中信出版社，2023.9
书名原文：ChatGPT For Dummies
ISBN 978-7-5217-5919-8

Ⅰ．① C… Ⅱ．①帕… ②方… Ⅲ．①人工智能 Ⅳ．
① TP18

中国国家版本馆 CIP 数据核字（2023）第 151691 号

ChatGPT 超入门
著者：［美］帕姆 · 贝克
译者：方军
出版发行：中信出版集团股份有限公司
（北京市朝阳区东三环北路 27 号嘉铭中心　邮编　100020）
承印者：北京诚信伟业印刷有限公司

开本：880mm×1230mm 1/32　印张：8.25　字数：175 千字
版次：2023 年 9 月第 1 版　印次：2023 年 9 月第 1 次印刷
京权图字：01–2023–3771　书号：ISBN 978–7–5217–5919–8
定价：69.00 元

服务热线：400–600–8099
投稿邮箱：author@citicpub.com

目　录

第三章　编写 ChatGPT 提示语

第四章　理解 ChatGPT 中的 GPT 模型

第五章　警告、伦理和“负责任的 AI”

第六章　深入使用 ChatGPT：专业及其他用途

第七章　在教育中使用 ChatGPT

第八章　在日常生活中使用 ChatGPT

第九章　ChatGPT 和生成式 AI 将如何改变世界

第十章　十个值得试用的生成式 AI 工具

导 读

向 AI 提问的 8 个原则性技巧

方 军
互联网技术专家，UWEB 技术合伙人

ChatGPT 对你来说意味着什么？你该如何高效地利用它的超能力？

2022 年底，OpenAI 公司推出的 ChatGPT 聊天机器人开启了 AI（人工智能）的新时代，自此 AI 进入大众应用阶段。ChatGPT 仅有一个简单的对话式界面，但通过这个界面，我们每个人都可以向它提问（如“这是什么意思？”）、提出要求（如“帮我修改邮件初稿”或“帮我按说明编写程序”）。

很快，它背后的 AI 模型以应用助手的形式进入了各种软件，比如 Notion 笔记软件、微软公司的办公软件以及各类企业营销软件。微软巧妙地将这类工具命名为“副驾驶”（Copilot），意为 AI 助手坐在副驾驶的位置上，为人类用户提供支持和引导。

AI应用新阶段的两个关键词分别是大众应用与生成。我们来看看生成，这一波AI模型的特点正是它们能够生成新的内容。21世纪头10年，占据主导的模型是判别式的，即它们能指出“这张图里有一只猫”。现在，新模型能够生成新的文字、图像以及合成数据，比如它能够根据你的指引写一个关于猫的故事，它能够生成一张新的猫的图片，它能够总结出之前未被明确表述的规律。

实际上，在ChatGPT以聊天机器人的形式引爆热潮之前，在2022年年中，由文字生成图片就已经开始实现突破，并在与视觉有关的产业中得到应用。但是，对话界面将AI模型的语言理解能力、生成文本能力、广博而有深度的知识、指令遵循能力、推理能力等展现了出来，这让所有人都感到震撼。这种震撼是必然的，因为我们认为语言和人的智慧直接关联。AI一直被一个问题牵引着，即机器能思考吗？这一次，我们向前迈进了一大步：机器能够有效运用语言了，它似乎能思考了。当然，答案取决于你如何定义思考。

传媒界和产业界通常用“大模型”来讲新一波AI浪潮，以强调这一次有着文本与图像生成能力的AI模型，即深度学习人工神经网络模型的参数之大。但更精确的说法应该是“生成式AI”（Generative AI），或者综合二者称它们为“生成式AI大模型”。生成式AI大模型又可进一步分为主要处理文本的大语言模型与采用扩散算法的图像生成模型。但通常认为预训练语言模型是更基础的，以 OpenAI 为例，它的大语言模型 GPT 支撑着 ChatGPT 聊天机器人，同时它的图像生成模型 DALL–E 又是基于 GPT 和图像数据进一步训练而来的。

假设我们站到多年之后回看，2023 年上半年注定是 AI 发展历程中最沸腾的 6 个月。在 OpenAI 的 GPT 模型探明了路径、ChatGPT 聊天机器人确认了大众需求后，大语言模型在数量上和质量上都出现了大爆发，应用更是层出不穷。这 6 个月内爆发式出现的大语言模型，其中有些是之前模型的新版本。OpenAI 的有力竞争者 Anthropic 推出 Claude 模型及聊天机器人。脸书母公司 Meta 在 2 月推出 LLaMA 开源模型，3 月斯坦福大学团队基于它训练了微调版本 Alpaca，这一开源体系已发展成繁荣的生态。谷歌公司推出 PaLM 模型，百度公司推出文心一言大语言模型，阿里巴巴推出通义千问模型，华为推出华为云盘古大模型，科大讯飞推出讯飞星火认知模型。清华大学团队与智谱公司推出 ChatGLM 模型，阿联酋科技创新研究所推出 Falcon–40B 模型，王小川创业团队推出百川模型。在模型开源平台 Hugging Face 上，几乎每天都有新的模型、新的微调版本出现。同时，大量与大语言模型相关的论文被发表，几乎每个相关的细分领域都被深入地研究。

简言之，ChatGPT 揭开了一场未来变革的开端。现在，人们已经找到方法将人类几乎所有书面化的知识与能力压缩进模型，然后调取和使用这些知识与能力。

过去几十年，互联网带来的变革是以搜索引擎为象征的“让信息触手可及”，现在这个变革的实质是大语言模型和聊天机器人所代表的“让知识触手可及”。这给每个人带来的冲击是显而易见的：之前，个体依靠经漫长求学和实践而来的知识与能力获得某些独特优势；现在，所有人都可以直接向模型调取这些知识与能力，即别人能轻松运用你自以为很独特的知识。那么，如果你能被别人轻松超越，你该怎么办？

另外，AI 甚至能够帮我们直接完成某些任务。在做一些工作与完成任务时，人可以被排除在外。例如，AI 助手完全可以直接提取数据、查阅资料、进行分析，生成带有数据分析和建议的报告给我们，其中无需人的介入与参与。那么，如果你的工作可以由机器直接完成，你该怎么办？

总之，面对这样的巨变，我们应该严阵以待：我们不能以为它只是聊天机器人而已，也不能因为一时恐惧而拒绝面对。回顾每一个曾经对人的工作、生活产生巨大影响的技术浪潮，比如个人电脑、互联网、移动互联网，我们就会发现，有效的应对之道是：理解它的原理与影响，了解它带来的新能力，同时更加重要的是，尽早尝试使用它、尽快熟练运用它。

幸运的是，使用生成式 AI 有一条捷径，它有一个统一的运用方式，我们向模型发出所谓的提示语（prompt），即向它提问、给它任务，它会理解我们的意图，并用新生成的文字、图片、音视频等即时回应我们。《ChatGPT 超入门》这本书聚焦的是 ChatGPT 聊天机器人和它背后的大语言模型，因此我根据该书作者的讨论及我自己的研究和应用实践，主要从使用大语言模型的角度，列出了向 AI 提问的 8 个原则性技巧。

- 原则性技巧之一：理解“生成”的本质是模式预测。
- 原则性技巧之二：警惕幻觉（hallucination），始终做事实核查。
- 原则性技巧之三：提问采用结构化提示语（ICDO）。
- 原则性技巧之四：模型能从提示语中直接学习。
- 原则性技巧之五：让模型进行“链式思考”，采用慢思考模式。
- 原则性技巧之六：将复杂的任务分解成更简单的子任务。
- 原则性技巧之七：用 AI 模型能够理解的格式输入信息。
- 原则性技巧之八：坐稳主驾驶位，与机器共舞。

研究者、开发者、使用者都已经收集整理了大量技巧，这里为你梳理列出那些基础元素，也就是原则性技巧。在了解如下原则性技巧前，你还应该知道一个预备技巧：你在学习和使用生成式 AI 的过程中有任何疑问，都可以直接向 AI 提问，它会给你即时的、有针对性的回答。值得注意的是，这些原则不仅适用于 ChatGPT，还适用于所有的大语言模型。

原则性技巧之一：理解“生成”的本质是模式预测

通过聊天机器人与我们对答如流的 AI 模型真的会说话和写作吗？能够按照我们的文字描述绘制图片的 AI 模型，是否真的拥有达·芬奇绘制《蒙娜丽莎》般的技艺？它为何能“拍摄”出想象中的照片？只有理解“生成”的本质，我们才能用好这一新技术，同时也不会误用、错用它。

该书作者在第一章即强调了生成式 AI 模型的本质是模式预测。书中写道：

> “ChatGPT 不像人类那样思考。它基于已学习到的模式进行预测，然后根据预测到的偏好和单词顺序，（组织成一句句话）进行回答。这就是为什么它生成的内容可能非常正确，也可能错得离谱。当它的预测准确时，魔力就出现了。ChatGPT 的数字水晶球有时候是正确的，有时候是错的。有时它传达真相，有时它呈现非常恶劣的东西。”

“生成”的本质是模式预测，这就是为什么有人说，大语言模型是“下一个词预测器”。这也是为什么它看起来有语言表达能力、代码编写能力、掌握某些知识与信息的能力、推理能力等。当它预测的词句形成连贯且有条理的内容时，我们就会认为它掌握了这些能力，但实际上，它只是在做预测。你可以这么理解，当我们在说话和交谈时，或者我在写这篇文章时，我们做的也仅是根据自己学到的模式进行“预测”而已。

了解到模型只是在做预测，这会让我们减少两种谬误。

第一种是“轻信”。我们容易轻信文字通顺、格式正确的话，就像更容易相信穿着考究的骗子。形式是形式，内容是内容。如果知道模型只是在做预测，那就不会轻言相信。

第二种是“轻视”。生成式AI模型生成的内容中很容易有错漏。用图像来说可能更加形象：一年前，AI画的图片像拙劣的画笔胡乱涂抹；一年后，它能够模仿艺术家的绘画和摄影师的照片。然而，虽然AI进步很快，但是错漏和不合理仍是难免的，我们看过很多AI生成的漂亮但有错误的画面。当大语言模型完全出错时，它会胡说八道，即它出现了幻觉。这些错漏会让我们轻视AI模型。

了解到它只是在预测，同时预测能力在快速进化，会让我们摆脱轻视的心态，按照它当前的能力水平去尝试利用它。

了解“生成”的本质是学习模式并做出预测，还可以让我们避免将“生成式AI”与“搜索引擎”混淆与误用。简单地说，搜索引擎是根据你的关键词检索互联网上已经存在的链接和文本，而生成式 AI 则是通过模式预测，根据你的提示语生成新的内容。它们之间不是替代关系，而是互补关系。

原则性技巧之二：警惕幻觉，始终做事实核查

在这本书中，作者这样定义生成式 AI 模型的幻觉：

> “ChatGPT 会自认为给了你一个正确答案，对此非常有信心，但实际上它给你的是一个明显错误的答案，也就是说它产生了幻觉。”

这就是为什么人们说它会胡说八道。那么，大模型的研究者、开发者能否彻底消除幻觉呢？作者给出了精彩的解答：

> “ChatGPT 能够生成回答的能力，也正是其不可靠的原因。为了让人类或机器想象出不存在的事物，如小说或电影中的虚构世界，必须先解放它们，即让它们摆脱现实规则的限制。”

简言之，我们如果要让它具备生成能力，就必须容忍它可能产生幻觉。我们只能尽量压制它的幻觉，但无法彻底消除。

从技术角度看，大语言模型在做下一个词预测时，会根据所谓

温度参数的不同来选词。当温度低时，从较相关的词中选择；当温度高时，则扩展到更多可能的词。ChatGPT 聊天机器人选用了一个相对较高的温度（据猜测可能是 0.7），这让它的回答不会显得过于呆板。但当我们希望回答更贴近原始材料时，我们会选择把温度降到接近于 0。

幻觉问题让作者在这本书中反复强调，必须对 AI 的回答进行严格的事实核查。实际上，我们应该把这句警告贴在每一台使用 ChatGPT 或者其他生成式 AI 的电脑与手机旁边：

“始终对其生成的内容进行事实核查。”

我经常演示一个例子，来试探生成式 AI 模型的能力。我会提问说：请解释杜甫的诗句“窗前明月光”。能力较弱的模型会被误导而出现幻觉，它会跟着说，“这是杜甫的诗”，而不会一下说出作者是李白，同时也说不出诗句应为“床前明月光”。这个例子直观地展示了生成式 AI 与搜索引擎是不同的。这也是为什么我们同时需要两者：生成式 AI 用于解释，搜索引擎可协助进行事实核查。

除了事实核查，现在我们更加需要批判性思维，需要它建议的质询。批判性思维的经典著作《学会提问》建议我们问如下问题：论题和结论是什么？理由是什么？哪些词语意思不明确？假设是什么？论证有没有谬误？证据是否有效？有没有其他可能性？

原则性技巧之三：提问采用结构化提示语

刚开始使用 ChatGPT 等聊天机器人时，我们经常进行朴素的提问：“什么是相对论？”“给我解释一下深度学习。”但我们很快就会意识到，我们是在向一台庞大的机器提问。因此，一方面，我们应该遵循基本的提问技巧；另一方面，我们的提问应该符合这台机器的格式。

当我们向他人请教问题时，我们需要选择向正确的人提问，要提供必要的背景信息，明确提出具体的问题，并尽量说明期待的回答方式。当我们向机器提问时，这 4 个基础技巧也同样适用。但机器与人不同：机器有很多知识与信息，但它不知道此时的背景是什么；机器也不会向我们询问更多的信息（如“你说的这个是什么意思”）；机器更不会重述问题以便更好地回答（如“你的问题是不是……”）。我还可以列出很多区别。

实际上，数年前在 ChatGPT 模型的早期版本出现时，应用开发工程师就开始总结如何向 AI 提问的结构化框架。其中，由埃尔维斯·萨拉维亚等人总结的框架被广泛接纳，该框架指出，提示语按顺序应包括四个部分：指令（Instruction）、上下文（Context）、输入数据（Input Data）、输出要求（Output Indicator）。我们总是记不住这个框架的顺序，因此，我们为这个框架创建了一个巧妙的首字母缩写 ICDO，当你向 AI 给出提示语时，它回应说：“I See，Do！”（我明白了，做吧！）

我们对每个部分做了进一步的细化。指令部分包括角色、任务、规则；上下文部分包括技能、步骤、样例；输入数据部分不做进一步拆分；输出要求部分包括输出规则、输出样例、输出指示符。

在使用结构化提示语前，我们的一个请求帮忙翻译的提问可能是："请帮我翻译：（略）。"之后，我们的提问就变为："你是一个人工智能专业人士，你的任务是将英文翻译为中文。翻译时请参考如下词汇表：（略）。要翻译的段落是：（略）。"

在提示语中，通过界定角色，我们能够更好地调动 AI 的相应知识与能力。很容易直观地理解这种做法：模型是用大量质量有高有低的资料训练而来的，若我们赋予它某一个领域内专业人士的角色，就会触发算法去调用较高质量的部分。

在开头明确任务，在最后重复任务，让模型能更好地遵循我们的指令。2023 年 6 月，斯坦福大学研究者的一篇论文《迷失在中间：语言模型如何使用长上下文》用严谨的实验证明了这一点：它擅长利用开头和结尾的信息，而对处于中间部分的信息处理得较差。

总体而言，我们在向 AI 提问时，应该假设它对任务一无所知，尽量逻辑清晰、全面地阐明我们的要求。结构化提示语的目的就是让我们能够做到这一点。接下来的 4 个原则性技巧（四至七）将进一步解释这个框架。

原则性技巧之四：模型能从提示语中直接学习

AI 模型掌握了很多知识，但也有很多知识它未掌握。比如，截至 2023 年 7 月，OpenAI 模型的信息是 2021 年 9 月之前的，其他模型也各有信息收集的截止时间，它们在那之后就不再掌握最新的知识。它也可能不掌握我们所要求的特定知识，比如你公司的独特文档格式要求。它也可能掌握一个知识的多种形式，但不能确定你希望采用哪一种。

这时，我们可以用原则性技巧之四来向 AI 提问：模型能够从提示语中直接学习，我们可以在提示语中给它新知识。事实上，这项技巧是大语言模型发展过程中的一个重要里程碑。2020 年 5 月，GPT–3 模型发布时，它对应的论文题目是《语言模型是少样本学习器》，这意味着模型能通过我们在提示语中给的数个样本来学习新知识。

提供上下文知识和样例以及期望的输出格式样例，我们能让生成式 AI 更精准地回答问题。你会发现它很聪明，一教就会。比如，我们请它帮忙拟回复邮件，只需给它三个邮件样例，它就能很好地模仿你的表达风格。

再比如，如果我们想让 AI 用一个特定的知识框架分析问题，则可以在上下文部分描述这个方法论。假设我们分析企业时用的是改造版的波特五力模型，以适应数字经济时代的产业特征，你会发现当你把方法论在提示语中告诉模型后，它可以学会并使用这个方法论。通常，即便模型掌握某些知识，提问时重述一遍方法论仍可以让回答更符合我们的需求。

当然，所谓的上下文学习（ICL）并不像这里说的这么简单。举一个例子，比如，我们希望生成式 AI 能够根据我们给的例子，快速学习电商平台上的用户评论是正面还是负面的。但如果我们给了三个例子，分别是正面、正面、负面，那么这会带来非常差的学习结果，模型会倾向于将 2/3 的评论认为是正面的、1/3 是负面的。这是它从你给的例子中学到的。因此，如何提供示例是需要技巧的。如何有效地提供示例，正确地引导模型进行回答？这是研究者重点研究的方向之一。

同时，并不是给的例子越详尽越好。2023 年 6 月，谷歌等机构的研究人员在一篇论文的题目中直接说明了他们的研究结果——《大语言模型很容易被不相干的上下文误导》。如果示例过长或关联度低，可能会误导模型，导致它无法有效地回答问题。

原则性技巧之五：让模型进行“链式思考”，采用慢思考模式

面对一道需要相对复杂推理的题目，人类可以凭直觉直接回答，也可以慢下来一步一步思考。在《思考，快与慢》中，认知学家丹尼尔·卡尼曼这样认为：系统 1 的运行是无意识且快速的；系统 2 将注意力转移到需要费脑力的大脑活动上来，例如复杂的运算。

生成式 AI 模型的数学推理能力一直是它的短板，甚至连简单的小学生数学题它也可能做错，带点儿脑筋急转弯的题目更会让它感到迷惑，并给出错误答案。这有些像它是在用直觉回答。人们很快找到了提高它能力的技巧，让它的思考从所谓的系统 1 调整到了系统 2。

2022 年 1 月，谷歌研究人员在论文中证明，“链式思考提示语能让大语言模型开始推理”。“链式思考”（CoT）的思路是，指导模型一步一步地解决问题。让我们以谷歌论文中的一个例子来为你解释。在给了一个示例之后，我们要求模型解答数学题。注意其中的关键点是，我们在例子中直接给出了答案，因此模型也会直接给出答案。

> 提问：罗杰有 5 个网球。他又买了 2 罐网球，每罐有 3 个网球。现在他有多少个网球？

回答：答案是 11 个。

提问：食堂有 23 个苹果。如果厨师用 20 个来做午餐，然后又买了 6 个，那么厨师现在有多少个苹果？

我们把这个问题直接给数种 AI 模型，得到的回答都是“答案是 27 个”，但这是错的。

只需略微调整示例，在示例中向 AI 展示应该一步一步做，比如“罗杰开始时有 5 个网球。2 罐网球一共是 6 个网球（每罐 3 个）。5 + 6 = 11。所以答案是 11 个”。基于此，AI 的回答则会相应地变为“食堂原来有 23 个苹果。厨师用 20 个来做午餐，所以厨师剩下的是 23 – 20 = 3 个。厨师又买了 6 个苹果，所以厨师现在有 3 + 6 = 9 个。答案是 9 个”。当 AI 放慢思考速度之后，答案就对了。

实际上，对于简单的问题，我们不需要向 AI 展示应该这样一步一步做，你只要说一个神奇的提示语，它就会进入“链式思考”的慢思考模式：“让我们一步一步想。”

OpenAI 的“提问最佳实践”文档重点讨论了这一技巧，这是一个给应用开发者的指南。它直接告诉我们，你要给模型时间去思考。它还提出一些具体的建议，比如我们的任务是判断一个学生的解题是否正确，在让模型匆忙得出结论之前，指示模型先自己找到题目的答案，然后再判断学生的解题是否正确。

又如，让模型做“内心独白”（Inner monologue），即把它的分析和推理过程写下来，但作为应用开发者我们会把“内心独白”隐藏起来，只把答案给最终用户。这就像教师要求学生做题时必须写草稿，但只需要提交最终答案。值得注意的是，在具体使用现在的AI模型时，我们发现必须在提示语中告诉模型把“内心独白”回答显示出来才行，如果不显示，则“链式思考”模式无法启动。作为应用开发者，我们会在用户界面上隐藏这些“内心独白”，只展示结果。

总体而言，向AI提问时，要求它一步一步慢思考，让它把分析和推理过程写下来，这能极大地提高回答的正确率。

在《ChatGPT超入门》这本书中，作者从一个独特角度对“链式思考”进行了讨论，即“在对话中思考”：

> “在对话中产生的一系列消息可被称为‘消息串’。想要提高使用ChatGPT的成功率，你编写提示语时应将它看成对话消息串的一部分……若使用简单的提示语，你得到的回答很可能过于常规或有些模糊。当你以消息串来考虑对话时，你不是仅编写一系列简单的提示语。你需要做的是，将提问拆分到一系列的提示语中，引导ChatGPT的回复朝着你希望对话的方向前进。”

原则性技巧之六：将复杂的任务分解成更简单的子任务

这个原则性技巧的题目是我们直接借鉴了 OpenAI“提问最佳实践”中的说法，下面我们从普通使用者的角度来解释。

完成大型任务的重要方式就是分工，总工程师对任务进行拆解、分工到组，各组负责人再对任务进一步拆解、分工到人。当我们要让 AI 帮忙完成一个任务时，除非是较简单的任务，否则你作为“总工程师”首先要拆解任务，然后让 AI 逐个去执行，你才会得到更好的结果。

在使用对话式的聊天机器人时，拆解任务和逐个提问是自然而然的做法，我们将任务拆解成一个问题列表，然后一次一个地提问。

要求 AI 一次完成复杂任务时，你也可以先将拆解方法告诉它。比如，它的任务是对客户的问题进行回答，我们预先告知它，你要处理的客户问题的主要类别为账单、技术支持、账户管理以及其他常规提问，而每个类别又细分为子类别。因此，在收到客户问题时，它会先按照要求进行任务分类，然后再尝试回答。

在使用生成式 AI 时，我典型的使用习惯正是这里的例子中体现的两点：

第一，我总是自行拆分任务到较具体的点，然后向 AI 提问。问题越具体，答案越符合期待。同时，问题的规模越小，也越容易对答案进行事实核查。

第二，我总是尽量在提示语的上下文部分附上完成任务的步骤。让 AI 按照步骤做，得到的结果通常更好。这样做的好处是，我还可以持续迭代步骤，从而让之后的每一次类似任务的结果都能比上一次更好。

原则性技巧之七：用 AI 模型能够理解的格式输入信息

在用结构化提示语提问时，我们输入的信息开始变长，采用便于 AI 理解的格式变得很重要。比如，ChatGPT 聊天机器人的确能够理解从文档中拷贝出来的无格式表格文字，但若能输入 CSV（逗号分隔值）格式的数据或 Markdown（一种轻量级标记语言）格式的表格，它就能更好地理解表格数据。当然，你可以分步操作，先让它把无格式表格数据转化成带格式的，然后用这些带格式的数据进行提问或请它制作图示。

通常，我们可以参考以下做法，让 AI 更容易理解信息：

- 长段文本用特殊的分隔符分开。比如，当我们要输入几段文章时，可以前后用三个英文引号（"""）将段落包含起来，让模型能够知道这是输入的长段文本。又如，输入编程代码程序前后用三个英文反引号（```）包含起来。
- 如果要强调句子中的某些信息，可以像写文章一样，用引号（""）将关键词凸显出来，这会让模型注意到。我会采用更加直接的做法，通常在需要强调的词或句子后直接用括号加上标注，比如（这很重要！）。
- 采用结构化的标识与格式。比如，在提示语里直接标明序号，如第一部分、第二部分、第三部分、第四部分。而每一部分的子项又进一步编号，如 1.1，1.2，1.3 等。又如，如果你提供了多个样本，你就可以给这些样本加上编号。不要用句号来分隔，而是用分行来分隔不同的样本。

在生成式 AI 出现之后，有人欢呼说，我们跟计算机系统打交道不再需要编程语言了，可以用自然语言来编程了。但你很快就会发现，如果你写的提示语像程序一样结构清晰简洁，遵循编程的某些原则，比如 DRY（不要重复自己），你将得到更好的回答。

另外，在这本书中，作者给了一个建议，值得大家参考：

> “不要只是满足于简单地使用 ChatGPT，或者仅像大多数人一样使用。要明白，你要比 AI 或其他使用 AI 的人更有优势，你需要有思考能力和创造能力。因此，要去寻找让你有优势地运用 ChatGPT 的新方法。尤其重要的是，提高你的提问技巧，锤炼这一技能直到你能够达到的最高水平，持续地拓展你的思维。”

原则性技巧之八：坐稳主驾驶位，与机器共舞

生成式 AI 出现之后，特别是对于那些体会到模型强大能力的人来说，他们的一个担忧是：我的工作会不会被机器取代？

在该书中，作者借用《星际迷航》中博格人的说法，“抵抗是徒劳的”，“AI 精灵不能被塞回瓶子中去。面对这种无法避免的现象，你如何看并不重要，ChatGPT 必将继续存在”。同时，我与作者在一个问题上观点高度一致，即没有必要担心所谓统治人类的冷酷“机器霸主”会出现。它们只存在于科幻小说之中，在可见的未来都不会发生。简言之，强大的 AI 不可避免，但我们没必要恐惧不存在的东西。

面对这样的剧变，我们应该如何做？对个体而言，答案很清晰。如果某些工作 AI 能够做得比我们更好、效率更高，我们应做的是：向 AI 提问，让它做，而不是自己做。一方面，我

们要掌握高超的技巧，以发掘AI的最大潜力；另一方面，我们要选择去做更有创造性、更有挑战性、更有成就感的任务。

我们要深入思考这个原则性技巧——坐稳主驾驶位，与机器共舞。副驾驶越来越强大对我们是件好事，同时，我们要认识所肩负的4项重任：

1. 追问目的。当你提问或者提出要求时，你要达成的目的是什么？我们现在可以借助AI追求更高、更难、更创新的目标。
2. 学会提问。你需要掌握向AI提问的技巧，以得到优质的回答。你总是需要多问一下自己：如果改变提问方法，我会不会得到更好的回答？
3. 判别与鉴赏。你要有判别力，能够判断答案是对还是错。你更要有鉴赏力，知道什么是优秀的答案。
4. 承担责任。当你将回答应用于现实世界时，获得收益或遭受损失的是你，而不是AI。

以上就是向AI提问的8个原则性技巧。在使用生成式AI时，你会发现它们是各种技巧的基础。但我们也可以说，技巧不重要，真正重要的是你如何运用技巧，获得自己想要的回答，实现自己的目标和愿景。

前　言

ChatGPT 突然出现，引发巨大关注，这容易让人将其看成是一次偶然现象或又一个热门新潮流。其实，这项技术是巨变的先兆。无论 ChatGPT 最终成功还是失败，它都将改变我们的工作、娱乐和生活，改变我们与周围世界互动的方式。它为 AI 成为人类生存体验中的永久组成部分和影响因子铺平了道路。

ChatGPT 正在快速发展，所有人都很难理解并跟上它的进展。本书旨在帮助你了解它的运作方式，并学会如何使用它。是的，在本书出版之后，ChatGPT 还将继续发展。但通过阅读本书，你可以基本了解这项技术，并在变化发生时继续学习。此外，你可以学到一些帮你使用其他 AI 模型的技能，其中的一些模型必然随着时间的推移变得越来越先进。

如果你对 AI 特别是 ChatGPT 感到不安，那么你的直觉反应是正常的，也是有道理的。这项技术肯定会改变工作的性质和你的工作方式。但你也要知道，AI 不会夺走人们的工作，会夺走别人工作的是擅长利用 AI 的人。你要做那个善于利用 AI 的人！

你可以学会这项技术。它并没有你想象中那么难!

关于本书

虽然你可以在视频网站、博客、文章、社交媒体等地方找到大量关于 ChatGPT 的信息，但本书是关于 ChatGPT 的最全面内容之一，对于初学者或入门级别的读者来说更是如此。其实，除了很少的 AI 科学家，每个人在 ChatGPT 方面都是初学者。你正在与全球数百万人一起学习如何使用它。

如果你正在尝试 ChatGPT 或已经在工作中使用它，你会发现本书为你提供了多种方法，让你将自己已经掌握的知识和书中的新知识结合起来，更好地利用 ChatGPT 并从中获益。

请注意，讨论 ChatGPT 时，我们也会解释支撑它的各类 GPT 模型，这些模型也可用于聊天机器人（Chatbot）之外的其他应用。

类 ChatGPT 产品在技术上可能与它相似，也可能不相似。比如，竞品可能有也可能没有 ChatGPT 所用的大语言模型（LLM）。但在此我们仍称它们是“相似”的，因为它们的用户界面和功能与 ChatGPT

非常相似。通过这种方式，你可以更轻松地比较和了解市场上各种生成式 AI（Generative AI）聊天机器人，而不必陷入具体的技术细节之中。

在书中，一些网址会折行出现在两行里。如果你正在阅读纸质书，并想访问其中一个网页，那么请输入完整的网址。如果你正在阅读电子书，那就更方便了，你只需单击网址即可直接访问。

傻瓜式假设

本书的目的是帮助任何想了解并学会 ChatGPT 以便在工作和生活中使用它的人，也会帮人们为它必将带来的变化做好准备。

从实用角度出发，我们对本书读者做了一些假设。例如假设你不了解 ChatGPT 或了解很少；假设你已掌握使用电脑或手机、浏览器和 Web（万维网）应用程序的基础操作技能。我们也假设，像每本达人迷（For Dummies）系列图书一样，读者们很聪明，但时间紧，希望在快速且轻松的阅读中获得自己想要的内容。我希望这本书能够满足你的期待。

本书使用的图标

在本书里你将看到一些图标。它们可引导你快速地获取重要信息。以下是这些图标的含义。

小技巧

小技巧：这个图标指向一些小技巧，让你在使用 ChatGPT 时更轻松、更快速、更高效，或者更有趣。

要记住

要记住：这个图标强调一些对理解或使用 ChatGPT 尤其重要的信息。

请注意

请注意：这个图标是对可能面临的潜在隐患或风险的警告。请务必关注这些警告，别等到问题出现时才意识到为时已晚。

本书之外

除了你正在阅读的纸质书或电子书，此书还配有一个速查表。要想获得它，请访问 www.dummies.com 并在搜索框中输入“ChatGPT For Dummies cheat sheet”。其中你将看到：各种有用的使用小技巧、如何用多种形式访问 ChatGPT、提示语编写指南，以及一些让 ChatGPT 按照你的需要精确输出回答的建议。

从哪里开始阅读

这是一本参考书，因此除非你想详细地了解ChatGPT，否则你无须从头到尾阅读，你可以随意挑选阅读某一章。每章都是独立的，这意味着你不需要了解前面的章节就可以理解你正在阅读的这一章。你可以从任何地方开始，当你感觉已经获得了完成手头任务所需的信息时，你就可以暂停阅读了。

如果你的目标是快速上手ChatGPT，那么你应该先阅读第三章，这一章的主题是如何编写ChatGPT提示语，阅读它可以让你更快地上手。请务必阅读第五章，其中有你在开始使用ChatGPT之前必须了解的几个问题和警告。

第二章向你展示了ChatGPT是如何工作的，这能让你更深入地了解在你输入提示语后，它在做什么。另外，如果你担心AI会抢走你的工作，或者它会如何影响你的个人生活，那么第六章和第八章将会给你带来新启示。

请随时打开ChatGPT，尝试使用你在这本书中学到的每一个新知识点，你会发现这样做有助于理解。

但是无论你选择如何学习和尝试ChatGPT，你都可能发现自己很快就掌握了。这就是这些AI产品的美妙之处——它们非常易于使用。最难的部分是：拓宽你的想象力空间，让自己不断超越。

第一章

ChatGPT 简介

本章内容

- 尝试使用 ChatGPT
- 对比 ChatGPT 与搜索引擎
- 理解 ChatGPT 原理
- 选择 ChatGPT 或 ChatGPT Plus
- 洞悉 ChatGPT 为何预示着深刻变革
- 战胜 ChatGPT 引发的恐惧

ChatGPT 是一个轰动性的现象，是技术进步加速发展过程中的重要范式转变。它是一种大语言模型，属于人工智能的一个类别——生成式 AI。生成式 AI 能生成新的内容，而不仅是分析已有的数据。每个人都可以用自己的话与 ChatGPT 互动，就像人与人之间的对话一样。

在这一章中，你将了解如何获取和使用 ChatGPT、为什么要使用它，以及使用它的利与弊。我们还会讨论，目前常见的对于它的担心是合理的还是完全没必要。

用户可以直接在线访问 ChatGPT，网址为 https://chat.openai.com/。但现在它也被整合到各种软件应用中了，比如微软办公软件、必应搜索引擎。现有的软件厂商都急于利用 ChatGPT 的热门效应吸引用户，集成了其功能的应用数量每天都在增加。

设置一个账户

按如下步骤创建 ChatGPT 账户，并输入你的第一个提示语。

1. 访问如下网址：https://openai.com/blog/chatgpt。如果你已有账户，则可以跳过其他步骤，直接前往 https://chat.openai.com/。
2. 单击“尝试 ChatGPT”按钮，如图 1–1 所示。
3. 按照页面提示，创建你的 OpenAI 账户。创建了 OpenAI 账户后，你可以选择使用免费版的 ChatGPT，也可以选择订阅费每月 20 美元的高级版（ChatGPT Plus）。有了 OpenAI 账户之后，你也可以使用 OpenAI 的其他 AI 模型，例如绘图模型 DALL–E 和 DALL–E 2。
4. 进入 ChatGPT 网站后，在提示栏中输入你的提示语（问题或命令）。ChatGPT 将为你生成回答。
5. 如果你想继续对话，那么请接着输入新的提示语。
6. 对话完成后，你可点击“点赞”或“踩”的图标，对回复进行评价。你的反馈将有助于微调和和优化 AI 模型。
7. 退出登录或直接关闭浏览器窗口。

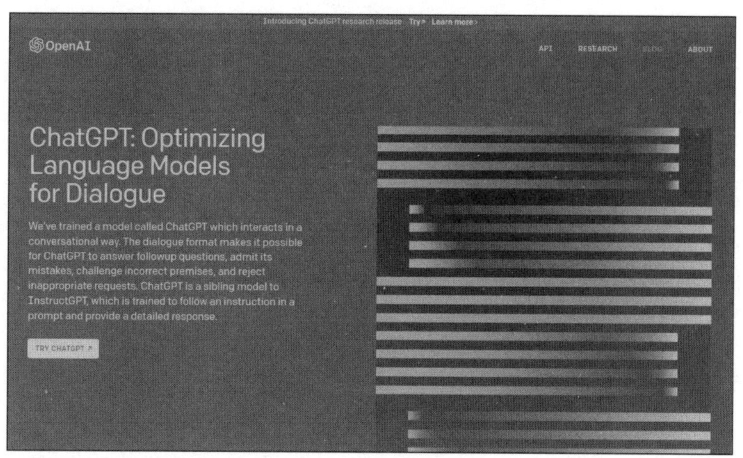

图1-1：ChatGPT介绍页面。

图中信息：ChatGPT 简介。我们训练了一个名为 ChatGPT 的模型，你可以用对话的方式与之交互。对话方式让 ChatGPT 能够回答后续问题，承认自身错误，挑战对话中的错误前提，或者拒绝不恰当的请求。

请注意

OpenAI 团队可以查看你在提示语中输入的所有信息，以及随后的全部对话内容。这些数据可能会被用来训练其他 AI 模型。请查看图 1–2 中的信息披露声明。使用 ChatGPT 时，请勿透露任何你想保密的信息！

比较 ChatGPT、搜索引擎和分析工具

ChatGPT 是生成式 AI 模型中最知名的一个例子，它代表了 AI 能力的巨大飞跃。

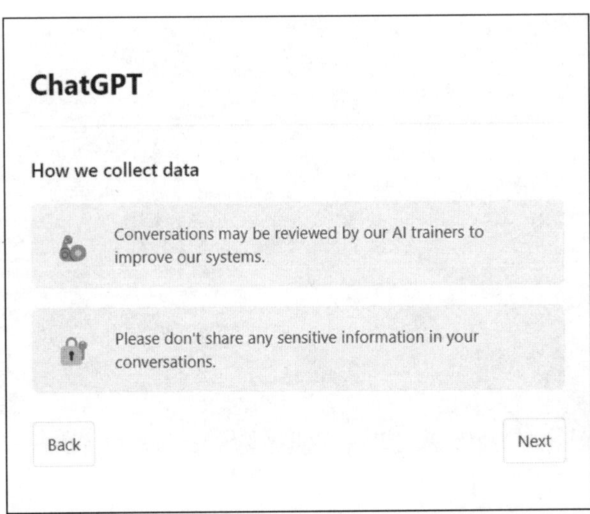

图1-2：OpenAI 网站上关于 ChatGPT 数据收集的信息披露。

图中信息：我们如何收集数据。您的对话可能会被我们的 AI 训练师评估以改进我们的系统。请不要在对话中分享任何敏感信息。

以前，排序系统（ranking system）也是有一定 AI 能力的，它可以对在庞大数据集里找到的信息进行排序。你肯定见过这些排序系统的应用：如谷歌和必应等搜索引擎，零售结账柜台打印优惠券的推荐引擎，提供“附近”目的地选项的谷歌地图等 GPS（全球定位系统），以及网飞和其他流媒体服务中的个性化影片推荐等。

排序系统影响着我们的思维和行动，它是通过处理大量信息，对之进行排序并做出决策来做到这一点的。例如，谷歌是一个搜索引擎，它根据用户输入的关键词，对网页链接进行排序，返回搜索结果。通常，用户不会查看 3~5 名之外的其他搜索结果。通过限定我们看到和考虑的信息，搜索引擎塑造着我们的思维方式。另外，每家公司都渴望能在特定关键词搜索结果中排名靠前，这正是为什么围绕关键词能形成一个庞大的搜索引擎优化（SEO）产业。

ChatGPT 能做的则是，提供一个组织好的单一答案（即你提问，它用自己的话进行回答）。较之排序系统，这可能会对我们的思维和行为产生更大的影响。其中一个原因是，公众对这个单一答案的普遍认识是，ChatGPT 的回答比其他来源都更聪明、偏见更少、更真实。但这种看法是错的。

ChatGPT 有着生成新内容的能力，这让它与我们更熟悉的其他软件截然不同，比如其他 AI、搜索引擎、聊天机器人、高级分析、商业智能软件等。就准确性而言，对比其他分析型软件，ChatGPT 的结果有着更大的波动性。我的确看到过一个商业智能应用的输出结果很差，但我从未见过一个应用程序直接撒谎或出现所谓的幻觉（给出看似令人信服但完全错误的回应）。但是，ChatGPT 可能会犯这两个错误。

ChatGPT 与其他基于 AI 软件的不同之处还在于，它采用对话的形式。以前的聊天机器人做的是，从预先编写的回答中进行选择，回应用户用自然语言所说的查询。也就是说，以前聊天机器人的回答内容是预先编写的，由关键词或用户问题触发。

但是，ChatGPT 会根据用户的提示语“生成”自己的回应。如果不仔细区分这微妙的差别，那么这两种类型的聊天机器人可能看起来一样，但它们实质上有很大差别。

与 ChatGPT 的交互从一个人使用自然语言（而不是计算机语言）输入一条提示语开始。这意味着，你可以向机器发送命令或提问，而无须使用计算机代码。ChatGPT 以你使用的语言回复你。随着你与它继续交互下去，它会不断地构建对话。这种有序的互动以实时对话的形式呈现，营造出一种类似于人与人对话的假象，就像有一种高智能生物在回复你的提问。

不过在每场对话中，必须限制你能与 ChatGPT 问答的次数（即你向它提问的次数），这是为了防止 AI 给出奇怪的回答、犯错或出言不逊。例如，微软将必应搜索中的 ChatGPT 限制为每场对话最多提问五次。你可以开启另一场对话，但是每场对话中的提问次数无法超过这个上限。

请注意

ChatGPT 是生成内容而非复制内容，这意味着它可能做出错误的假设、撒谎或产生幻觉。ChatGPT 或任何其他生成式 AI 都不是一个绝对可靠的事实来源、可信的讲述者或关于某个话题的权威，即便你在提示语中要求它做到这样也不行。在某些情况下，将它的回答像神谕一样接受，或者将之作为真相的单一来源，会导致严重的错误。

理解 ChatGPT 是什么、不是什么

ChatGPT 有一种像人一样交谈的能力，这是让你有种毛骨悚然般感觉的主要原因。它的回答和表现都太像人类了。

与 ChatGPT 互动时，用户会有完全不同于以往使用其他应用软件的感觉。比如，之前可以用自然语言互动的软件通常只能与用户进行几个回合的交流，它们仅对预设的内容做出回应。而 ChatGPT 可以生成自己的内容，并与你进行一场更长的对话。

像所有机器学习（ML）和深度学习（DL）模型一样，ChatGPT “学习”海量训练数据集里面的模式，然后利用这些模式识别其他数据集里的模式及类似模式。ChatGPT 不会像人类一样思考或学习。相反，它运用自己的模式识别能力去理解与行动。

截至本书撰写时，ChatGPT 支持 95 种语言。它还掌握几种编程语言，例如 Python 和 JavaScript 等。

生成式 AI 也不同于软件编程，因为它可以“理解”用自然语言写的提示语中的上下文和内容。

ChatGPT 名字中的 Chat（聊天）是指，它能做自然语言处理和自然语言生成。GPT 则代表生成式预训练转换器，这是一种由 OpenAI 开发的深度学习神经网络模型，OpenAI 是一家美国人

工智能研究和开发公司。你可以这么认为，GPT 是让 ChatGPT 能运行的秘密武器。

ChatGPT 不像人类那样思考。它基于已学习到的模式进行预测，然后根据预测到的偏好和单词顺序，（组织成一句句话）进行回答。这就是为什么它生成的内容可能非常正确，也可能错得离谱。当它的预测准确时，魔力就出现了。ChatGPT 的数字水晶球有时候是正确的，有时候是错的。有时它传达真相，有时它呈现非常恶劣的东西。

深入剖析对 ChatGPT 的恐惧

也许，从来没有其他技术像生成式 AI 一样既让人着迷，又令人不安。在免费的 ChatGPT 研究性预览版推出两个月后，它的每月活跃用户数就突破了 1 亿，人们的情绪达到了高潮。感谢科幻作家的想象力和你自己的想象力，它们让 ChatGPT 在你的头脑中出现令人心驰神往、倍感震撼的感觉。

但这并不意味着不需要保持谨慎。目前，针对生成式 AI 的版权和知识产权侵权已经出现一些诉讼案例。OpenAI 和其他 AI 公司以及它们的合作伙伴被起诉，指控它们在未经许可或未付费的情况下使用有版权的照片、文本和其他受知识产权保护的材料来训练其 AI 模型。这常是缘于爬虫抓取互联网上的版权内容，然后这些内容被包含在训练数据集之中了。

这些公司的法律辩护团队则辩称，在AI时代，这些指控是不可避免但又不应得到法律支持的，并要求驳回相关起诉。另外，在未来，ChatGPT等生成式AI程序生成内容的归属权也可能引发诉讼。现在美国版权局已经裁定，无论是文字、图像还是音乐，由AI生成的内容都不受版权法的保护。在美国，政府暂时不会在权利、许可和支付方面保护任何由AI生成的内容。

同时，人们对其他类型的潜在法律责任问题也有不少合乎情理的担忧。有时，ChatGPT等应用会向用户或其他机器提供错误的信息。当事情出错时，特别是在涉及生命安全时，谁来为此承担责任呢？即便不是危害某个人的生命而仅是企业的经济利益受到威胁，风险还是很高。有人受到了伤害，那么很可能就有人必须为此承担责任。

此外，某些早期问题会被放大，比如数据隐私、偏见、AI歧视（不公正地对待某个人和群体）、身份盗窃、虚假视频、安全问题。又如现实冷漠（reality apathy）问题，也就是说，公众无从分辨什么是真实的、什么是虚假的，他们认为搞清楚一切太难了，因此不再努力辨别真相。

总之，ChatGPT的出现进一步推动了这样的需求：各国政府和相关组织要研究、落实和开发相应的规则和标准，以确保我们拥有的是“负责任的AI”（responsible AI）。但问题是，ChatGPT正在全球范围内飞快地普及，这些规则和标准能否及时推出并取得成效呢？

致力于制定规则、伦理、标准和“负责任的AI”框架的团体有：

» ACM（美国计算机学会）技术委员会下属AI与算法分委员会
» 世界经济论坛
» 英国数据伦理中心
» 政府机构（如美国的《人工智能权利法案》和欧盟的《人工智能法案》）
» IEEE（电气电子工程师学会）及其7000系列标准
» 大学（如纽约大学斯特恩商学院）
» 私营部门（相关公司制定“负责任的AI”政策和组织）

公众对于ChatGPT的发展似乎持有两种不同的看法。

一种是支持ChatGPT的全面普及，这就是当前正在发生的事，OpenAI让广大用户通过使用它来参与模型的训练；另一种是认为应监管ChatGPT和其他生成式AI的使用，以遏制犯罪、欺诈、网络攻击、欺凌，防止利用这些工具实现或扩大其他恶意行为。

ChatGPT 是一个非常有用的工具，可以给个人、社会、政府和组织带来很多帮助。事实上，这是“人类增强”的第一步。虽然 ChatGPT 没有植入人体，但它可以用于增强人类的思维力、理解力和创造力。

ChatGPT 会取代你的工作吗

目前，许多人对 ChatGPT 的恐惧在于，他们发现未知之事正在自家门口发生。ChatGPT 会取代我的工作吗？它会传播虚假信息或虚假宣传，导致我的政治党派输掉选举，使我所在社区的犯罪率上升、抗议增加吗？它会不会让我失去隐私和尊严？最后，我能否赢过比我更聪明的机器，从而保护自己、保护自己的工作？

我们之所以有这些担心，是因为 ChatGPT 看起来似乎非常熟悉：我们已经见过这种 AI，它就是我们自己。

它与人的行为之所以如此相似，是因为 ChatGPT 所受的“教育”很大程度上来自互联网。在那里，人们经常散布各种形式的恶劣想法、谎言、阴谋论、宣传、犯罪活动和仇恨言论。当然，那里也有一些真实和有用的信息。

在最好的情况下，互联网是人类活动残迹的混合。AI 已经表现出对垃圾信息的偏好。你可能还记得，2016 年，微软推出

AI 聊天机器人 Tay 并试图在社交媒体上训练它。很快，这个聊天机器人就在推特上失控了，发布了充满脏话和种族歧视言论的煽动性推文。就像人在社交网络上一样，它发表了有争议和冒犯性的言论，这导致微软在其首次亮相仅 16 小时后就将它下线了。

此后，还有其他被训练出来的 AI 都有相似的问题。基于人类是可怕的群体这样的认识，很多人假设，像我们人类一样行动的、看起来像人类的 AI，一定是同样令人恐惧的甚至可能是更可怕的。

事实上，人类一切错误的和不好的事物都往往会转移到 AI 上。同样，一切正确的和美好的事物也都会转移到 AI 上，一些既有点好又有点坏的事物也会。

ChatGPT 可以帮助医生诊断疾病和寻找治疗方法。它可以帮助学生以高度个性化的方式学习更多知识，使教育更有效率，减少学生在学习中的挫折感。它可以帮助非营利性组织找到新的筹款方式，降低成本，推动公益事业发展。我们可以列举更多 ChatGPT 有益、有用的例子。

尽管如此，人们还是普遍担心：冷酷无情的机器霸主似的 AI 可能出现。幸运的是，它不会来。这种恐惧所设想的 AI，是学术界所说的通用 AI 或 AGI（人工通用智能）。它只存在于科幻小说和人类噩梦中。也许有一天它会变成现实，但现在还没有。

ChatGPT 并不是 AGI。它不会思考、不聪明，它也不是人类。它是一种通过发现我们言语、思想和行动中的模式来模仿人类的软件。它基于这些模式计算概率。简言之，它做出了有依据的猜测。这些猜测可能是绝妙的，也可能是完全错误的；可能是真实而具有洞察力的，也可能是狡猾的谎言。要注意，这些都不需要软件去思考。

正因为如此，ChatGPT 能够影响或替代一些工作，就像分析和自动化曾经做的一样。但它不能完全替代所有劳动者，因为它不能完成人类可以做到的所有事情。你仍然比 ChatGPT 具有竞争优势。

你可能会问，人的竞争优势是什么？答案有很多方面：创造力和直觉，找到和分析非数字形式数据的能力，从词语和图像中理解意义、语境和细微差别的本能，以及在不存在任何联系的情况下建立神经元连接的能力。连接这些点、跳出定式思维，是人与机器的区别。

要记住

人类可以发挥创造力编写 ChatGPT 提示语，让它产生独特而复杂的输出，而不是千篇一律的常规内容。一个聪明而有创意的人能够让 ChatGPT 表现超常。

人类还具有情商和同理心这两种强大的能力，这两种能力能影响他人，影响事件的发展，改变最终结果，等等。

你的大脑也有着非常高的效率，一日三餐和几个小吃就能让你产生很多思考能力。对比而言，像 ChatGPT 这样的深度学习模型需要消耗大量的算力。

ChatGPT 并不会威胁你的工作，真正构成威胁的是使用 ChatGPT 和其他 AI 工具的人。你需要学会如何使用这些工具来提高你的赚钱能力，提升工作技能。同时，你也要学习如何在使用 ChatGPT 和其他 AI 服务工具时保护好自己。阅读这本书将让你有一个良好的开端。

ChatGPT 与 ChatGPT Plus：重新定义聊天机器人

AI 助手和 AI 辅助的聊天机器人已在市场上存在一段时间了。在 2019 年参加微软的数据和 AI 技术研讨会时，我用微软 Azure 云服务的虚拟助手加速器轻松地创建出一个聊天机器人。虽然的确有专业人士在场提供协助，但总体而言，这是一个相对容易的过程。谷歌也提供了一个 AI 和聊天机器人的工具箱，其他厂商也有类似的产品。这些工具和它们提供的可能性让人充满期待，感到振奋。

预构建（prebuilt）、预训练（pretrained）、可定制（customizable）的 AI 模型早已是推动数据和 AI 普及的重要因素。ChatGPT 进一步推动了 AI 普及，让每个人都可使用 AI。

技术完全普及意味着，几乎每个人都能理解和使用该技术。智能手机和 GPS 应用是技术完全普及的例子。ChatGPT 正在全球范围内迅速传播，学生、艺术家、医疗专业人士、法律助理、只是觉得好玩的普通人、作家，以及来自各行各业的专业人士都在使用 ChatGPT。明天及以后的每一天，将会有更多的人使用它。这不是一股会很快消散的潮流，而是一个地壳变动级别的范式转变。

人们能凭借直觉直观地认识到 ChatGPT 很有用。

但多数人没有注意到，ChatGPT 正在重新定义聊天机器人。毕竟，人们已经使用过采用自然语言处理的聊天机器人一段时间了，市面上已有各种数字助手，如亚马逊 Alexa、苹果 Siri、谷歌助手和微软 Cortana 等。

以前的 AI 聊天机器人有一些不足，比如缺乏对上下文的理解，缺乏决策能力，对话仅限于固定的预设回答，由于记忆问题只能进行较少次数的对话交流，无法进行较长的对话。

对比而言，ChatGPT 能理解上下文，能够做出决策，并且它可以处理较长的对话线程，从而能以人类的方式进行多轮次长对话。此外，ChatGPT 的回答会随着每个提示语而变化。它不使用预设回答，即它不是只能回复数量有限的由特定关键词触发的预设回答。

相较于之前的聊天机器人，ChatGPT 在很多方面有着明显优势。但有时，这些优势也可能成为缺点。

例如，微软将 ChatGPT 功能集成到必应搜索中，但它很快就失控了，侮辱用户、对用户撒谎和情感操纵用户。微软随后将提问次数限制为每场对话最多可问 5 个问题，每个用户每天最多可问 50 个问题。这证明了很多人早就学会的一个道理：说得越多，麻烦就越多。微软认为，5 分钟后擦除对话，可以避免模型陷入迷惑。

谷歌推出的竞品聊天机器人 Bard 也没有表现得很好。在演示视频中，Bard 给出了错误的答案，这个错误让该公司市值下跌超过 1 000 亿美元，股票市场对它的聊天机器人的能力信心不足。

许多人认为，像 ChatGPT 和 Bard 这样的生成式 AI 有一天将完全取代搜索引擎，如必应和谷歌。我认为这不太可能，不仅因为生成式 AI 有缺点，还因为搜索引擎仍然有许多有用之处。声称 ChatGPT 将取代谷歌，就像说电视将取代广播，或者计算机将取代纸质文件一样。世界并不会只朝一个方向发展。

然而，可以肯定的是，ChatGPT 和它的竞品正在以各种方式重新定义聊天机器人。当然结果并不都是好事。但无论如何，基于生成式 AI 的聊天机器人很快就会无处不在。但也许随之而来的是，在它们出现失误时，很多公司对自己现在的决策都后悔不迭。

免费版与高级版的比较

目前，OpenAI 提供两个版本的聊天机器人：免费版，即所谓 ChatGPT 研究预览版本；高级版，名为 ChatGPT Plus（每个用户每月支付 20 美元）。OpenAI 表示，它将持续提供免费版，这样做的目的是用所谓免费增值模式来吸引用户升级到高级版。

高级版的用户可以提前使用新功能和新版本，在高峰使用时段能优先访问，并能更快地得到回复。除此之外，这两个版本非常相似。

使用 ChatGPT 的若干种方式

ChatGPT 的用户多种多样，它的使用方式也多种多样。大多数人往往给出基本的提问，比如让它写首诗、写篇文章或编写短的营销内容。学生经常使用它来完成作业。提醒一下孩子们：ChatGPT 不擅长回答谜语，做数学题时会出错，有时它甚至乱编一气。

通常，人们倾向于让 ChatGPT 就某些事提供指导或解释，这是把它看成一个更高级的搜索引擎。这种用法也没有错，但 ChatGPT 的功能远不止于此。

它可以实现多少功能取决于你编写提示语的好坏。如果你编写一个简单的提示语，你就会得到一个简单的回答，用谷歌或必应等搜索引擎能找到一样的答案。这是人们在使用几次后放弃 ChatGPT 的最常见原因。他们错误地认为，它没有提供任何新东西。其实，出现这个问题是缘于用户的错误，而不是 ChatGPT 的错误。

第三章将详细介绍编写提示语的方法。如下是使用这项技术的用法列表，用户能让 ChatGPT 做如下事情：

» 采访一位已故的传奇人物，就当下话题进行一场访谈
» 为品牌标志、时装设计和室内装饰设计等推荐颜色组合和颜色搭配
» 创作原创作品，如文章、电子书和广告文案
» 对业务情境进行结果预测
» 根据股市历史和当前经济状况制定投资策略

» 根据患者的真实检查结果进行诊断
» 从零开始编程制作一个新的电脑游戏
» 处理销售线索
» 为各种场景提供创意，如 A/B 测试（一种“先验”的试验体系）、播客、网络研讨会、视频
» 检查程序代码中的错误
» 将软件用户协议、合同和其他法律文件中的法律术语总结成简单易懂的语言
» 根据协议条款，计算实际的总成本
» 教你一项新技能或为复杂任务提供操作指引
» 在实施决策之前，找到其中的逻辑错误
» 编写个人简介（简历）
» 制定营销策略
» 拍摄电影
» 制订战略计划
» 管理客户服务
» 制定公司政策
» 编写教学计划
» 制订商业计划
» 撰写演讲稿
» 策划一场派对
» 给你一些娱乐建议
» 从数以千计的临床研究中寻找潜在的治疗方法
» 制定政治竞选策略

ChatGPT 的优缺点

与所有技术一样，ChatGPT 既有优点也有缺点，我们应仔细权衡。当然，ChatGPT 绝对是独特的技术，但由于其本质和新颖性，它也有一些小问题。如果你能充分利用其优点，及时弥补缺点，那么使用它时你会感到一切顺利！

优点	缺点
快速响应	有时不准确
提供组合后的答案	质量参差不齐
会话式交互	有时言辞冒犯
功能多样化	它出错时也看似有说服力
适用于多种场景	会话不是私密的
生成创意内容	目前在美国不受版权法保护

ChatGPT 的创造力引起了很多关注。其实，这种创造力是人类向它提问的提示语的反射与结果。如果你能给出好的提示语，ChatGPT 就能给出好的答案。

不幸的是，这对坏人来说也是如此。他们可以用 ChatGPT 干很多坏事：查找程序代码或计算机系统的漏洞；用你的风格、语气和词汇来仿写文档，从而窃取你的身份；编辑音频或视频片段，用这些音视频骗过生物识别安全措施，抑或让音视频说出你实际上没有说过的话。他们可能会造成伤害和混乱，而这一切也只受限于他们的想象力。

探索其他的 GPT 形式

ChatGPT 聊天机器人是基于 OpenAI 公司的大语言模型 GPT-3 构建的。该公司用人类训练师和机器强化学习对它进行了训练和微调，让它能更好地执行对话任务。现在 ChatGPT 也可运行在 GPT-4 上。GPT-5 也必将很快到来，虽然目前尚未开始训练。

OpenAI 使用你输入的数据去完善 ChatGPT。这正是为什么你永远不应该认为，你在 ChatGPT 的免费版或高级版中所说的话是私密的。①

GPT-3 和 GPT-4 是通用功能的 AI 模型，它们适用于各种语言处理相关任务。ChatGPT 是基于这两种模型的聊天机器人。对比 GPT-3 和 GPT-4，就完成会话任务而言，ChatGPT 的模型（这里指其所用的 GPT-3.5-turbo 模型）更小、更准确、更快。但是，ChatGPT 主要用于与好奇的人进行对话，而 GPT-3 和 GPT-4 模型能够执行更多类型的任务。

OpenAI 还有一些 GPT-3 模型的早期版本，如 Davinci、Curie、

① 2023 年 5 月，ChatGPT 为用户提供了控制个人数据的选项，用户可以选择不允许自己的对话数据被用于模型训练。参见如下网址：https://help.openai.com/en/articles/7730893-data-controls-faq。——译者注

Babbage 和 Ada。其中，Davinci 的功能最全，但其他模型也可能是开发者实现特定需求时的好选择。

其中，较新的模型是代码模型 Codex 和内容过滤器模型（Content Filter）。Codex 模型是用从 GitHub 中抓取的数十亿行代码及自然语言训练的，它擅长理解和生成程序代码。内容过滤器模型可按敏感度对文本分类，将文本分为安全的、敏感的或不安全的。①

内容过滤器模型旨在过滤掉任何可能被用户视为冒犯或令人不安的内容。遗憾的是，内容过滤器有时会失效，让不良内容得以通过。有时，它会限制一些可接受的、仅仅是可疑的内容。但这并不奇怪，因为它目前处于测试阶段，预计随着时间的推移它会有所改进。在 ChatGPT 生成的文本右侧顶部有“点赞”或“踩”的按钮，用户可点击它们，从而帮助提高内容生成的相关性、质量和可接受性。

GPT-4 模型于 2023 年初发布。它具有更强的推理能力，总体上比 GPT-3 模型更具创造力和协作性。它也更大、更稳定。它的能力令人印象深刻，在技术性写作、编程、剧本创作，以及模仿用户个人写作风格等方面都是如此。但是，它仍然像

① 2023 年 3 月，OpenAI 不再提供 Codex 模型的 API（应用程序接口），这可能是因为 GPT-3.5、GPT-4 等通用功能模型已经能够提供较好的编程功能。——译者注

GPT-3 模型一样会产生幻觉。

开发者可以在 https://openai.com/api/ 找到使用 API 的信息。

抢占头条，颠覆商业

ChatGPT 让世界大吃一惊。从各种角度看，它的推出似乎不应引起这么大的轰动。

这类模型的概念并不新颖。大语言模型的历史可以追溯到 20 世纪 50 年代。近年来，好几家公司基于这种模型在开发聊天机器人，但几乎都没有引发市场关注。至少在最初，ChatGPT 并不一定是同类产品中最好的。此外，之前的聊天机器人已经很普遍且运行良好，市场对于更具有创新性的产品似乎没有需求。

然而，ChatGPT 无可争议地成了 AI 领域的王者。发布之后不到两个月，它便被众多人封为 AI 之王。为什么它会被那么多用户如此迅速地接受呢？

学者、研究人员和学术界应探讨这个问题，寻找答案。但这不是最紧迫的问题。更加紧迫的问题是，这项拥有超过 1 亿用户、每天有 1 300 多万用户（人数仍在增长）的技术对世界会有什么影响？

ChatGPT 预示着指数级的变革

通常，行业媒体会热情报道新技术的诞生，而主流媒体仅敷衍地表示赞同。但这一次，主流媒体很快以头条报道 ChatGPT，甚至连脱口秀主持人和喜剧演员都开始讨论它将如何改变世界。

有人说，ChatGPT 的到来意味着许多工作和职业会消失。它将终结或至少大幅减弱媒体、法律和教育等行业。还有人认为，这是人类走向末路的开端，它会抑制我们的大脑发育，它敲响了欢迎的钟声，迎接 AI 霸主的到来。

心态积极的人则指出，我们可以运用 ChatGPT 的能力做很多事：创造新的赚钱方式，减轻我们的劳动负担，加速我们的教育进程，激发我们的想法，解决复杂问题，让我们拥有更多闲暇时间，提高我们的生产力，为所有人增加选择和机会。

尽管有许多不同的观点，但共识是 ChatGPT 是指数级变化的先兆。换句话说，人们普遍认为，它将带来普遍性破坏和创造性毁灭。

ChatGPT 是一个重要的范式转变的信号，在我们日常生活中，AI 将无处不在，并将对人类生存的许多方面产生影响。然而，我们的世界完全被生成式 AI 掌控的可能性不大。生活仍将继续。尽管可能略有不同，但它仍在人类掌控之下。其实，真正的问题一直没变：（未来）由哪些人控制？

评估对现有企业与行业的初步影响

全面预测生成式 AI 和 ChatGPT 带来的影响很困难，但我们现在可以做出一些合理的预测。我们的主要观点是 ChatGPT 将影响知识工作者，即主要从事知识的收集、分析、应用和分发的人。

最早感受到这项技术巨大影响的企业和行业包括：

- 医学研究和开发
- 生物植入技术
- 医疗保健
- 教育
- 媒体
- 市场营销和广告
- 法律
- 艺术
- 零售
- 金融服务
- 科研
- 搜索引擎

» 图书馆

» 出版业

要注意的是，像 ChatGPT 这样的技术将迅速在各行业、各业务领域普及开来。它的普及是必然的，但它对不同人的影响程度会有所不同。

为未来的剧变做好准备

借用《星际迷航》中博格人的说法，“抵抗是徒劳的”。换句话说，AI 精灵不能被塞回瓶子中去。面对这种无法避免的现象，你如何看并不重要，ChatGPT 必将继续存在。

对其视而不见或试图禁止它，最多只会造成暂时的停顿。压制它可能会导致很多生成式 AI 转入灰色地带。应对它的更好做法是，努力发现如何在你的个人生活、职业、业务和行业中利用这种技术。观察它对经济的影响、对职业的影响，在时机出现时抓住机遇。

不要只是满足于简单地使用 ChatGPT，或者仅像大多数人一样使用。要明白，你要比 AI 或其他使用 AI 的人更有优势，你需要有思考能力和创造能力。因此，要去寻找让你有优势地运用 ChatGPT 的新方法。尤其重要的是，提高你的提问技巧，锤炼这一技能直到你能够达到的最高水平，持续地拓展你的思维。你可阅读本书第三章，它可以激发你、给你指导。

接受“知识就是力量”。ChatGPT 可以接触到大量信息，但那并不一定就是知识。你要提高自己的知识水平，让自己能够以独有的方式将知识应用在实践中。

注意观察，随着时间的推移，ChatGPT 将如何重塑与重新定义任务、行动、工作和行业。你要快速适应变化。

通过这些方式，你可以让个人和所在行业为这个快速进化的新未来做好准备。

打破冷酷机器霸主的魔咒

ChatGPT 的软件程序非常简单。你提问，它回答。乍一看，它似乎没有什么特别之处。但是一旦你理解它的性能取决于你自己的能力，你将会感到非常兴奋。你可能也感到有些压力，因为你不知道自己能否用好它。

当你真正理解它的潜力后，你可能感到不知所措，甚至感觉受到威胁。这时，第一个可怕的错觉就出现了。

许多普通人认为，由于人类必须使用计算机代码来指挥机器，所以机器的性能受限于这种精确的通信结构。换句话说，人们认为，机器不能理解除它们的独特机器语言以外的任何内容。它们也不能执行除它们被设计的特定任务以外的任何任务。换句话说，人们假设，机器无法理解我们，因此超出它们有限理解范围的任何事物都是安全的。

在如上讨论中，语言与智能被混为一谈，其实两者并不相同。按照这种思路，能够理解我们的语言并能够流利交谈的机器似乎理解了我们。推而广之，这意味着没有一个地方是安全的，在那里人类可以生存、思考或交谈，而机器无法渗透进去。

我们人类不像想象中那样独一无二，这种令人不安的看法开始浮现并逐渐变强。在这之后，就出现了被智能高于我们的机器——科幻传说中的 AI 霸主征服的恐惧。

但是，它们不存在，也不会出现。当然，不负责任的 AI 可能会造成大规模破坏，制造混乱和伤害。我们必须勤勉地建立“护栏”（guardrails）[①] 等安全防护措施，设立规范以保证其使用过程中不偏离责任准则，不违背伦理规范。

如果让恐惧阻碍我们使用 AI，这将是一个严重的错误，在它能够带来实际帮助时不去用它更是如此。AI 在许多领域有着

① 在 AI 领域中，“护栏”是指一种机制，它能够保护 AI 系统不会超出其既定的行为范围，或者不会做出损害用户或其他利益相关者的行为。——译者注

独特的优势和价值，我们应找到这些领域，发挥其优势。

敞开大门，迎接更多的 AI 产品

正如前文所提到的，ChatGPT 只是生成式 AI 的一个例子。它也只是 GPT–3 模型和现在 GPT–4 模型的一个应用，它们都是比 ChatGPT 更大的模型，可用于更多不同的自然语言任务。①

ChatGPT 是专为对话任务设计的。它的确是一个非常出色的工具，但它也像孩子们带有平衡轮的第一辆自行车。之后，更强大的 AI 应用和形式肯定会出现。

ChatGPT 可以帮助你完成许多任务。它打开了大门，让你自信地迈入一个 AI 成为主流的未来。

在使用 ChatGPT 时，你可以学到很多经验和技能，它们在你以后用其他 AI 应用时也很有用。你还可以随时返回 ChatGPT，请它为你解释其他 AI 应用。未来将与今天大不相同，ChatGPT 可以快速教你在未来如何生活和工作。

---

① 本书第二章会介绍 ChatGPT 和它背后的模型（GPT–3、GPT–3.5、GPT–4）。ChatGPT 是一个聊天机器人应用，而其背后支撑它的是生成式 AI 模型，在这里是 OpenAI 公司基于 GPT 架构的大语言模型。为便于阅读，在不产生混淆的地方，本书在措辞中未对应用和模型做严格区分。——译者注

生成式 AI 的分类

生成式 AI 是一种人工智能类型，它可以生成包括文本、图像、音频和合成数据（synthetic data）在内的任何形式的内容。合成数据是人为生成的数据，而不是从现实世界收集的数据。物理学定律是合成数据的一个例子[①]。我们在掌握很多物理学定律之后，能将定律应用于另一种人工创造物（例如一个机器人），而这种人工创造物能在现实世界中正常运作。

其他生成式 AI 模型还有 DALL–E、Midjourney 和 Stable Diffusion 等，这三个都是知名的图像生成模型。

现在有多种生成式 AI，如下是最常见的三类。

- 生成式对抗网络（GAN）：使用深度学习进行无监督学习，实现数据发现（即生成新数据）。示例应用包括生成如照片般逼真的图像，进行复杂又逼真的图像编辑
- 基于转换器架构的模型（Transformer）：识别上下文、含义和模式，从而预测和生成文本、语音、图像和其他内容。示例应用包括图像模型 DALL–E、

① 合成数据，在这里指通过模拟或算法生成的数据，而非直接从实际测量或观察得到的数据。比如物理学定律是人类对自然现象的抽象和数学化的表述。——译者注

文本生成模型 ChatGPT[①]

» 变分自编码器（VAEs）：由编码器（encoder）和解码器（decoder）两个不同的神经网络组成。示例应用包括安全分析、异常检测和信号处理

OpenAI：ChatGPT 的创造者

OpenAI 是由科技商业领袖山姆·阿尔特曼、埃隆·马斯克、格雷格·布洛克曼和沃伊切赫·扎伦巴等于 2015 年创立的，旨在开发安全和开放的 AI 模型（如 GPT–1 和 GPT–2）。

2019 年，该公司转型为一种所谓有限利润的商业模式，该公司的负责人将这种模式描述为“营利性和非营利性的混合”。OpenAI 始终聚焦于 AI 研究，2020 年，该公司开发与训练了 GPT–3。2021 年，它发布了 DALL–E，这是一个基于 GPT–3 的生成式 AI 模型，可生成逼真的图像。2022 年 11 月，基于 GPT–3.5 构建的 ChatGPT 发布。GPT–4 模型在 2023 年初发布，它目前是 OpenAI 各类模型的基石，也驱动着更广大的应用市场。

① 具体到大语言模型这个领域，2023 年 4 月的综述论文《在实践中驾驭大语言模型的力量》将基于 Transformer 架构的语言模型细分为三类：编码器 – 解码器架构、仅有编码器架构、仅有解码器架构。通常认为，仅有编码器较适用于翻译类任务，而仅有解码器适用于生成类任务。OpenAI 的 GPT 模型采用的是仅有解码器架构，侧重于生成类任务。——译者注

现在你已经了解了 ChatGPT，知道如何使用它，也知道不必对它心存恐惧。你已经可以做自己的船长，开启 ChatGPT 体验之旅了。

第二章

ChatGPT 是如何工作的

本章内容

- » 什么是提示语
- » 一窥 ChatGPT 的架构
- » 用超级计算基准测试进行性能比较
- » 理解 ChatGPT 的重大突破

乍一看，ChatGPT 很简单。你在提示栏输入一个问题或命令，它会给出一个回答。这不就是所有聊天机器人的工作方式吗？那么，它有什么特别之处呢？

在本章中，你会发现 ChatGPT 就像冰山上的一角。你将了解它的基本工作原理；你将了解为什么你的提问技能越好，它的性能就越好。本章的真正宝藏是编写提示语的技巧，它可以让 ChatGPT 发挥其真正的魔力。

本章为你提供了理解和使用 ChatGPT 所需的大部分信息。即使你不读本书的其他部分，也请务必读完这一章。

ChatGPT 有什么不同

ChatGPT 的工作方式与搜索引擎不同。像谷歌或必应这样的搜索引擎，或者像苹果 Siri、亚马逊 Alexa 或谷歌助手这样的 AI 助手，它们的工作方式是用你在搜索栏中输入的关键词在互联网中搜索信息。之后，算法会根据许多因素优化结果，通常包括你的浏览历史记录、话题兴趣、购买数据和位置数据等。

搜索引擎会根据其相关性算法，将搜索结果排序后呈现在你面前。用户仔细权衡搜索结果中的每个链接，然后点击其中某个链接以获取更多详细信息。

相比之下，ChatGPT 自己生成一个组合好的答案来作为对你提问的回答。它不提供引文，也不会给出信息来源。你提问，它回答。听起来很简单，对吧？其实并不是。这对 AI 来说是非常困难的任务，这也是生成式 AI 让人印象深刻的原因。

GPT–3 或 GPT–4 模型能分析问题和上下文，然后预测接下来的单词，最终生成针对问题的原创性答案。它们都是非常强大的大语言模型，每秒可以处理数十亿字词。

简言之，GPT 模型让 ChatGPT 能够根据提示语生成连贯的文本，这些文本像一个人说的一样。ChatGPT 会考虑上下文，为可能接在提示语后面的词汇分配权重值，以预测哪些词可能组成恰当的回答。

要记住

用户输入被称为提示语（prompt），而不是命令或查询，当然提示语实质上正是这两种之一。在输入提示语时，你实际上是在引导 AI 预测，并补全你启动的文本模式（接着你的话说下去）。

机器以自然语言快速响应用户意图、提示语上下文的能力是惊人的成就。AI 模型的响应速度非常快，并给人一种仿佛它能与用户进行对话的感觉。尽管 GPT–3 和 GPT–4 在早期有一些缺陷，但它们都可谓奇迹。

一窥 ChatGPT 的架构

顾名思义，ChatGPT 是一个基于 GPT 模型的聊天机器人。GPT–3、GPT–3.5 和 GPT–4 是由 OpenAI 开发的大语言模型。当 GPT–3 推出时，它具有 1 750 亿参数，是当时最大的大语言模型。它后来升级成名为 GPT–3.5–turbo 的版本（通常被称为 GPT–3.5），这是经过高度优化且更稳定的 GPT–3，同时对于使用 API 的应用开发者来说使用成本降低到原来的 1/10。ChatGPT 聊天机器人现在也可以使用 GPT–4 模型，它是一种多模态模型，这意味着它能接收图像和文本输入，但其输出仅为文本。GPT–4 是迄今为止最大的大语言模型，但其确切参数数量尚未公布。

参数（parameters）是用于衡量和定义神经网络结构中节点与层之间连接的数值。模型的参数越多，其内部表示和权重分配就越复杂。通常来说，参数越多，模型在特定任务上的表现就越好。例如，ChatGPT 拥有大量参数，所以能够理解多种自然语言处理任务中的微妙细节和上下文中的复杂性。因此，它似乎具备即时推理的能力，能与用户流畅交流。

此前，微软的 Turing NLG（一种基于 Transformer 的生成式语言模型）以 170 亿个参数创下了纪录。目前 GPT-4 是最大的神经网络。据传 GPT-5 会更大，但尚未开始训练。一些 AI 专家认为，没有必要训练一个更大的模型，因为 GPT-4 如此庞大，足以使用多年。我认为，考虑到用户和开发者对 GPT-4 能做什么尚未完全了解，的确没有理由急着推出 GPT-5。

探索其背后的超级计算机和 GPU

OpenAI 和微软联手是自然的，因为它们为同一目标努力。它们在微软 Azure 云服务中建立了一台超级计算机，专供 OpenAI 训练各种 AI 模型。据微软表示，在 Top500.org 网站上所列的超级计算机中，这台超级计算机现在位列全球前五。

Top500 超级计算机榜单统计了高性能计算机相关数据。具体功能和指标可能因超级计算机的演化和多样性而有所变化，但每半年报告的基础数据通常包括安装的系统数量、在这些系统上运行的应用程序，以及基于对比性基准测试的性能排名。

例如，有一个列表是根据在 LINPACK 基准测试中的表现对超级计算机进行排名。这个测试用一个衡量峰值性能而非总体性能的指标。Top500的研究人员还可以自行验证LINPACK结果，以进一步确保排名的准确性。

其他用于评价超级计算机性能的基准测试包括COPA、ReCoRD、SuperGLUE，以及其他推理和高级自然语言处理测试任务。由OpenAI和微软联合构建的超级计算机在这三个基准测试中表现出色，但在另外两个方面有所不足，即词汇语境分析（WIC）和RACE（重述restate，回答answer，引证证据cite evidence，解释explain）评估。

值得注意的是，这台超级计算机在完成中学和高中考试题目（即RACE基准测试的结果）时表现不佳，而在解决密集线性方程的LINPACK基准测试中表现出色。较简单的事物往往容易使AI困惑。但复杂性并不是错误发生的决定性因素。你不应该期望ChatGPT在处理不同复杂度的问题时表现始终如一。在回应简单或复杂的提示语时，它都可能出错，也都可能表现出色。

无论如何，可以肯定的是，考虑到GPT模型的庞大规模和功能特性，训练任何一个这样的模型都需要比大多数超级计算机更强大的计算资源。

英伟达（NVIDIA）是GPU（图形处理器）芯片提供商，也是这个超级计算机的关键第三方，它扮演着非常重要的角色。

GPU 是一种特殊类型的芯片，专为快速图像渲染而设计，现在 GPU 被普遍用于对大量数据进行同步计算。

OpenAI 所用的超级计算机拥有超过 285 000 个 CPU（中央处理器）、10 000 个 GPU。GPU 服务器之间有每秒 400GB（吉字节）的高速网络连接。OpenAI 所有的模型均是在安装 NVIDIA V100 GPU 芯片的微软高带宽集群上训练的。

此外，所有 OpenAI 模型的训练都是利用 cuDNN 加速的 PyTorch 深度学习软件框架完成的。针对给定的 AI 模型，架构的具体参数要根据最佳的计算效率、GPU 负载平衡等来选择。

Transformer 的重要性

ChatGPT 使用多层 Transformer 网络来生成对用户提示的响应。Transformer 是一种神经网络架构。在 AI 领域，神经网络（neural network）是指一种由处理节点组成的网络，其使用算法来模拟人类大脑。你可以把神经网络中的节点看作类似于人脑中的神经元。

不同类型的 Transformer 架构适用于不同的数据类型，比如文本或图像。ChatGPT 使用的是适用于自然语言处理的架构。

2017 年，谷歌和多伦多大学的研究人员共同开发了 Transformer

架构，它最初是为了处理那些语境比词序更重要的机器翻译任务而设计的。但是，Transformer 也被证明是更复杂语言处理任务的基石。Transformer 的一个重要优势是，它可以高效地并行处理，这意味着它们可以扩展到处理规模巨大的 AI 模型及其训练需求。

如果没有 Transformer，GPT 及 ChatGPT 就无法做到现在这样接近于人类的回答。

Transformer 及其工作原理的具体细节相当复杂。在本章中，我将介绍 Transformer 架构中最重要的部分之一：自注意力（self-attention）机制。可以这样极简地解释自注意力：AI 模型能理解并内化同一单词的多种表达方式。

很多单词有多重含义。在美式英语中，lemon 既可以是水果（柠檬），也可以指代性能不佳的产品。类似地，server 既可以是服务器，也可以指餐厅服务员。在英式英语中，lift 通常表示电梯，但在美式英语中它常指搭顺风车。

ChatGPT 能够根据上下文，即根据一个句子中的其他单词，来判断一个词的意思。人有这样的能力，但这对于机器来说却很困难。

铺设舞台：训练模型

虽然许多公司在训练多种形式与用途的 AI 模型，但只有那些具备专业知识和经济实力雄厚的公司才能真正做好。同时你已经看到，当一个模型（如 ChatGPT）可以通过浏览器或应用程序轻松访问和使用时，它将对大众极具吸引力。

ChatGPT 在刚发布时是免费的，但对 OpenAI 来说，构建和维护它是一项昂贵且复杂的工作。ChatGPT 使用的深度学习技术不仅需要庞大的算力资源，也需要消耗大量能源。仅存储训练一个 AI 模型所需的庞大数据库就极耗资源。训练任何大语言模型都需要大量的人力、能源、数据，付出巨大的努力。这是一项非常昂贵的任务，每次训练成本都很高。

但就 OpenAI 的 GPT 模型来说，结果证明投入是值得的。GPT-4 被认为是世界上最大的语言模型。ChatGPT 建立在这些庞大的 AI 模型的能力基础之上，成了一个全球热门现象。《华尔街日报》报道，OpenAI 目前估值达 290 亿美元，并且还在不断攀升。

ChatGPT 模型是用一个庞大的数据集训练的，这个从互联网抓取的数据集几乎包含截至 2021 年互联网上的所有文本。OpenAI 表示，训练数据包括“570GB 的数据集，包含网页、图书和其他来源”。

模型还利用人类训练师精调过的数据进行训练。在训练过程中，人类训练师扮演人类和机器之间的角色，教会了模型如何区分恰当和不恰当的回复。

这个过程被称为“人类反馈强化学习”（RLHF）。在不同的模型训练过程中，具体的做法可以有所变化，即 RLHF 可以根据特定模型的训练需求进行调整。

这个过程中的强化部分是指，训练师对机器回复进行比较后给出反馈。[①] 用户也可通过“点赞”或“踩”进行反馈，这些反馈被用于模型的“强化学习”训练。在图 2–1 中你可以看到，在每一个 ChatGPT 回复的顶部都有这两个标志。对你得到的回答进行“点赞”或“踩”，这有助于 ChatGPT 采用强化学习来进一步优化模型。

如果不喜欢 ChatGPT 生成的回答，你可以点击“重新生成回答”按钮（见图 2–1）让它再生成一次。务必为每个回应进行评分，让模型能通过你的评分提升性能。

---

① 这与用户仅需对回答进行“点赞”或“踩”不同，也不是评分（比如用 1~10 评分），AI 训练师所做的评级是将 AI 对同一问题的 4 个回答按从好到坏排序，用这种方式告知模型，人类期望得到哪个回答。这样做的好处是，比起用 1~10 对一个答案进行评分，AI 训练师对结果进行排序更容易，也更准确。——译者注

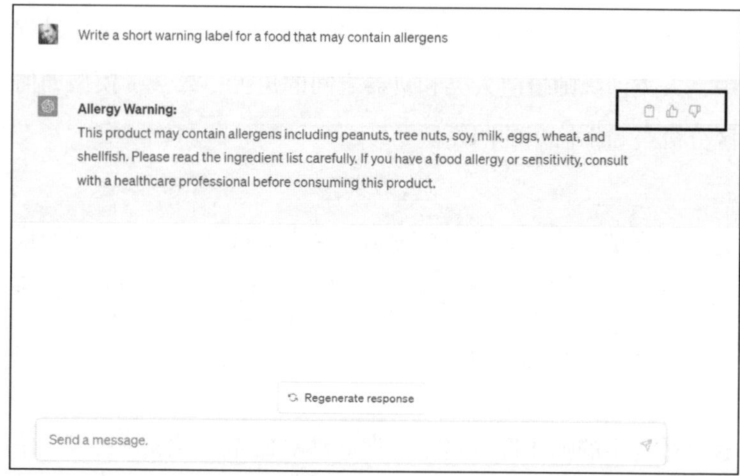

图2-1：以免费研究版形式发布ChatGPT的主要原因之一是，获得公众的帮助来继续训练它。

与之类似，在模型训练过程中，AI 训练师对模型的回答进行评级。奖励模型（RM），类似于 ChatGPT 上的“点赞”和“踩”评分，可用近端策略优化（PPO）过程微调模型。图 2–2 为 OpenAI 博客文章展示的整个训练过程。

充分理解对话形式的重要性

目前，ChatGPT 支持 95 种语言，包括各种人类语言、地区方言、多种计算机语言及数学公式。你可以用它支持的各种语言与之对话。例如，你可以在提示语中加入计算机代码或片段，同时给出指令要求 ChatGPT 对代码执行某种操作。这些指令可能是找出代码中的错误或漏洞，编写新代码或者完成程序的编写（见图 2–3）。

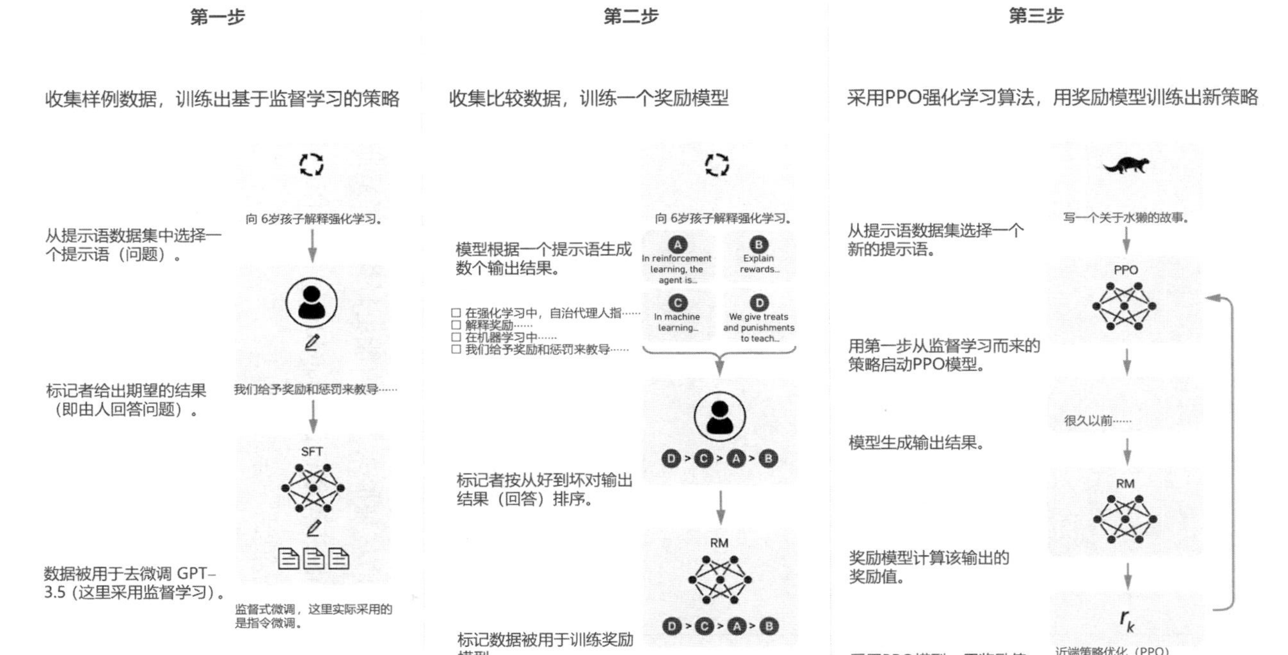

图2-2：OpenAI训练ChatGPT模型的过程。

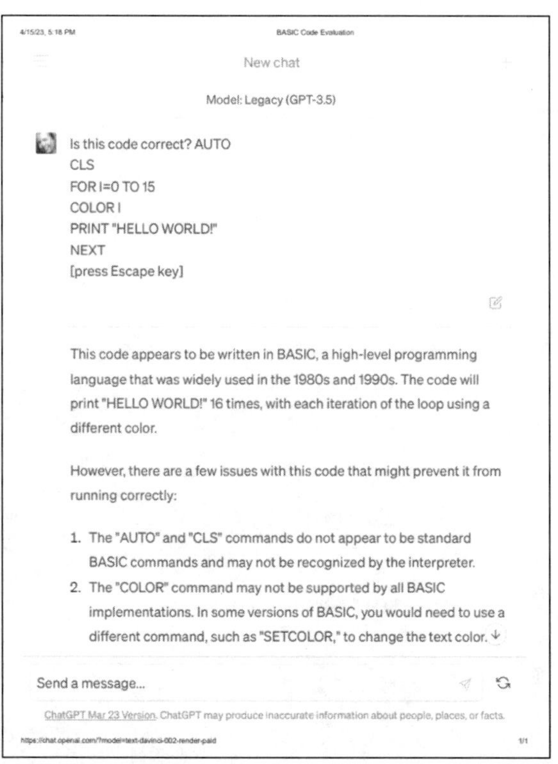

图2-3：ChatGPT可以理解和使用人类语言与计算机语言。图中，提问者要求AI回答一段程序代码是否正确。

由于选用对话这种形式，用户能更轻松、舒适地使用 AI。普通人与专家很快就会忘记 ChatGPT 是个技术工具，而经常像与朋友或同事说话一样跟它聊天。

这里再次提醒你，不要把 ChatGPT 当作一个人。你与 ChatGPT 的任何对话或操作都可能被用于对 AI 模型的性能评估，这些数据可能被作为未来 AI 模

型的训练数据集。这个所谓的“朋友”不能替你保守任何秘密。OpenAI 的确给了警示信息，但牢记这一条是你自己的责任。

深入反思 ChatGPT 的局限性

ChatGPT 能够生成回答的能力，也正是其不可靠的原因。为了让机器想象出不存在的事物，如小说或电影中的虚构世界，必须先解放它们，即让它们摆脱现实规则的限制。

摆脱这个束缚后，AI 摆脱对真相的偏好，因为真相是事实、事实是现实，对比而言，想象与现实是分离的，至多与现实有点相关。由此，ChatGPT 可以随意“编造”答案。有时你希望它这样做，因为你希望它回答出有创意的构思、创新的点子。但有时，ChatGPT 提供的回答是完全错误的，甚至可能令人反感。请记住，ChatGPT 所做的是，预测哪些词适合接在你的提示语之后，从而满足你的意图，并让上下文保持连贯。当它的预测（或猜测）是错误的，但它判断这个错误回答是正确的概率很高时，我们说它产生了幻觉。

换句话说，它的答案可能明显是错的，而且可以证明的确是错误的，但模型很有信心认为答案是对的。更麻烦的是，你不一定能仅凭回答就发现这一点。因此，在相信 ChatGPT 的任何回答之前，你应进行全面的事实核查。

需要注意的是，ChatGPT 并不总是在你告诉它要有创意或发挥想象力之后才开始编造。在较长的对话中，ChatGPT 容易产生幻觉且出言不逊。正因为它有这种倾向，一些内置 ChatGPT 功能的应用会限制单场会话中的问答次数，或者限制每天每位用户的对话次数。

由于 ChatGPT 经常编造回答，谷歌首席决策科学家卡西·科日尔科夫将它称为“胡说八道者”（bullshitter）。它的可信度接近于大型会议期间在酒店的酒吧里喝得醉醺醺的参会者。他们在酒吧里说的可能是对的，也可能完全是错的。把 ChatGPT 想象成你在酒吧里遇到的新朋友，在接受它告诉你的任何信息之前，你都要进行事实核查。OpenAI 的 CEO（首席执行官）山姆·阿尔特曼在图 2-4 的推文中也承认了 ChatGPT 的这些不足。

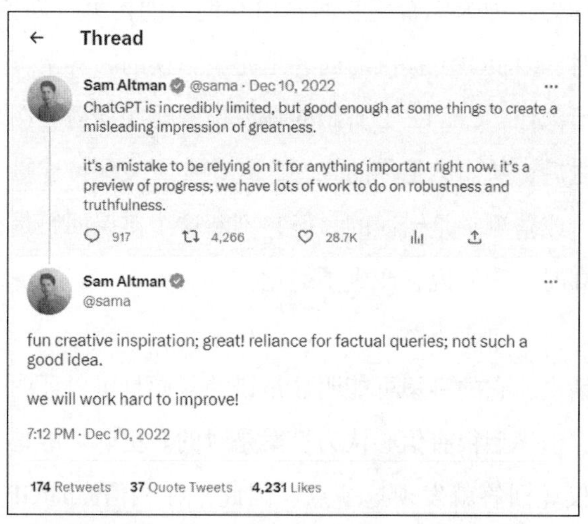

图2-4: OpenAI CEO 山姆·阿尔特曼关于ChatGPT可信度的推文。

图中信息：ChatGPT 在某些方面表现良好，足以让人误以为它非常优秀。但它的能力是非常有限的。目前，依赖它来处理任何重要事务都是错的。它展示了我们所取得的进展，但我们在稳健性和真实性方面还有很多工作要做。若利用它提供有趣的创意灵感，那就太棒了；但若依赖它来做事实查询类的工作，那就不是一个好主意。我们会努力改进的！

以下是关于 ChatGPT 局限性的简述：

- 训练模型以避免它冒犯人类有时会导致该模型变得过于谨慎，或者拒绝回答问题
- 尽管 OpenAI 为模型设置了“护栏”，但 ChatGPT 仍然可能提供不适当、不安全和冒犯性的回答
- 它可能生成完全不真实的答案，有时具有攻击性，有时甚至有点疯狂
- 它根据其访问的数据和已经学到的知识来确定什么是理想答案，而不是根据用户的知识或期望。因此，无论它的回答是对的还是错的，都可能达不到用户的期望要求
- 它对提示语的措辞非常敏感。重复或改写提示语会引出完全不同的回答
- 若你反复输入相同的提示语进行提问，可能会得到不同的答案，或者仅是某些句子的同义重复，甚至是具有攻击性的回答
- 由于在训练时，AI 人类训练员更倾向于给出长答案，因此该模型的回答往往冗长，而不是简洁明了

» 它会猜你想要什么答案，而不是向你提问以更好地了解你想要什么

以上关于 ChatGPT 可信度的讨论并不是贬低它所取得的惊人技术成就。上述 ChatGPT 的局限性只是提醒你，在使用它的回答之前，你应该进行事实核查。

不断增加的新版本与新应用

2022 年 11 月 30 日，ChatGPT 的免费研究预览版发布了，进行公开测试。该公司表示，用户将一直可用这个免费版本。2023 年 2 月 1 日，它发布了一款名为 ChatGPT Plus 的高级版，用户每月须支付 20 美元的订阅费。本书重点介绍这两个版本，这也是初学者最有可能遇到和使用的版本。

GPT–4 模型是 ChatGPT 目前可使用的最新模型，但用户目前可以在 GPT–3.5（目前默认模型）或 GPT–4 中选择使用。

现在，许多软件集成了 ChatGPT 的功能，因此在工作、商务或个人生活中，你可能遇到很多种不同的版本。此外，企业级应用正在迅速出现和发展。随着时间的推移，会有越来越多的软件集成 ChatGPT。

本部分以微软在必应搜索中的集成 ChatGPT 为示例。如图 2–5

所示，要使用集成了 ChatGPT 功能的必应，你需要下载最新版本的必应软件。下载完成后，你会在 Windows 任务栏中找到它。

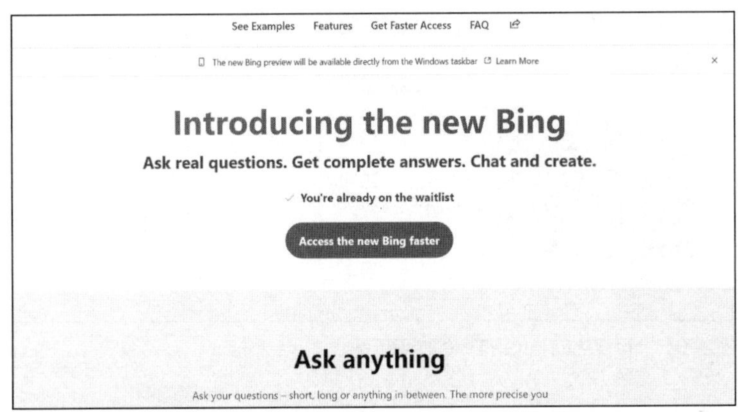

图2-5：集成了ChatGPT功能的微软必应搜索。

还有一个有趣的应用是微软开发的“可视化 ChatGPT”，它将 ChatGPT 与一系列视觉基础模型结合起来。这些模型是在更广泛的数据集上进行训练的，实现了更多的功能。在与 AI 聊天时，用户可以发送图像、接收图像及编辑图像。

你可以在 GitHub 上看到“可视化 ChatGPT”的演示，在如下网址可看到关于它的更多技术性信息：https://github.com/microsoft/visual-chatgpt。图 2–6 是该页面给出的一个使用示例。用户可以在提示语中插入图像，并要求 ChatGPT 生成满足需求的图像。你在聊天里还可以要求它对图像进行编辑。

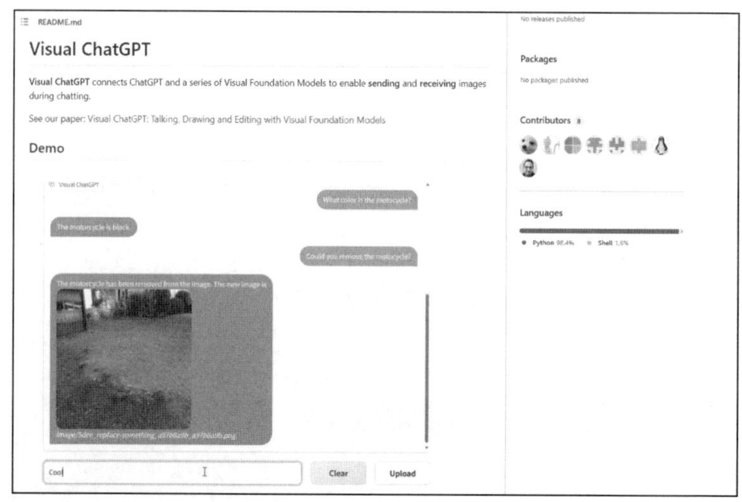

图2-6：“可视化ChatGPT”的使用示例。

如果你的公司想要定制 ChatGPT 以更好地满足自身需求，那么可以查看微软 Azure 云服务中的 ChatGPT 定制界面。若想要开通微软云的免费试用账户，请访问 https://azure.microsoft.com/en-in/free/cognitive-services/。

微软等公司将找到更多在软件中加入 ChatGPT 功能的方式。实际上，目前许多公司在用 ChatGPT API 和 ChatGPT 插件（plug-in）①，以充分运用这项技术的潜能。

总之，ChatGPT 不是昙花一现的奇迹。它是一个多功能工具，

① 在 ChatGPT 的网站及应用程序中，它允许第三方开发插件功能提供给它的用户。关于插件的使用介绍参见第六章。——译者注

它还在持续发展，最终它将成为许多软件应用的支柱。其他类似模型也会如此发展。

微软第三方组件中的 ChatGPT

如前所述，微软和 OpenAI 合作一起训练 AI 模型。因此，微软办公套件和其他微软产品迅速集成 ChatGPT 是自然而然的事。同时，现在也出现了为微软产品开发的 ChatGPT 第三方组件。

以 Ghostwriter（意为“影子作家”）为例，这是一款由微软前顾问、软件开发者帕特里克·胡斯廷开发的微软第三方组件。像许多早期用户一样，将 ChatGPT 生成的文本复制粘贴到 Word 文档让他很烦，因此他开发了这个应用，它可以将 ChatGPT 文本直接转到 Word 中。

你可以在微软应用商店下载 Ghostwriter。使用基础版需要一次性支付 10 美元，它会把回复的长度限制在几段之内，但这足以满足常规使用需求。并且，这个应用可以规避 AI 胡言乱语带来的大部分奇怪问题。

若一次性支付 25 美元，你就可以使用专业版，该版本支持 ChatGPT 的所有语言，你还可以设置回复长度。注意你和 AI 的每一场对话不要太长。如果需要的话你可以开启一个新的对话，这样做可以降低 ChatGPT 产生幻觉（随机和错误答案）

或用言语冒犯你的风险。

如果你想试用Ghostwriter，或者查找其他ChatGPT第三方组件，请按照以下步骤进行：

1. 打开任意一款微软办公软件，如Word、Excel或Outlook。
2. 点击“插入”选项卡。
3. 点击“添加第三方组件”。图2-7是Word中的添加第三方组件界面。
4. 从下拉菜单中选择一个第三方组件或在搜索栏中输入组件的名称。

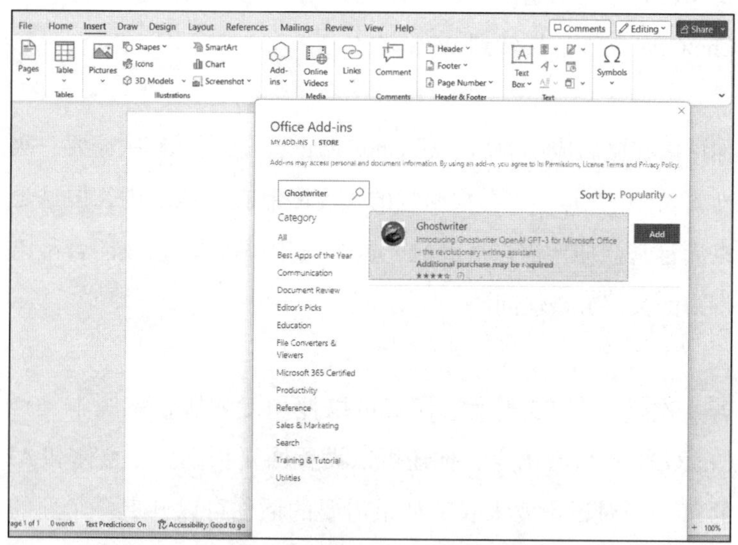

图2-7：带有ChatGPT功能的Ghostwriter第三方组件。

通过 API 使 ChatGPT 走向主流

OpenAI 还推出了 API，它相当于一种让应用程序相互通信的连接器。有了 API，开发者可以更轻松地将 ChatGPT 集成到他们公司的产品、服务、应用和网站。使用 API 的价格是每 1 000 个标记符（token）0.002 美元。与其他 AI 模型的价格相比，这个价格相对便宜，因此从成本的角度来说，大多数开发者都可以轻松地在自己的应用中集成 ChatGPT 功能。[①]

为什么要以标记符为单位来为 API 定价呢？ChatGPT 模型用聊天标记语言（ChatML）的格式处理带有元数据的消息序列。GPT 模型一般将原始的、非结构化的文本处理为标记符（这个过程也叫分词）。因此，ChatGPT 模型的输入实际上是一系列标记符，每个标记符包含一个单词或单词的一部分。

标记符被用于预测下一个标记符，接着预测后面的标记符，然后我们就有了一段由 AI 生成的话。正如你可能已经注意到的，这个过程并不是思考，即不是人们以为的像大脑处理过程那样的思考。与智能手机上或文档拼写检查器的自动更正功能相比，这个过程所进行的文本预测更快、更智能，而且能同时处理多个任务。

---

① 在如下网址可查看 OpenAI API 支持的模型列表和信息：https://platform.openai.com/docs/models/overview。在如下网址可查看最新的 API 使用价格：https://openai.com/pricing。——译者注

GPT 解决问题的方法本质上是预测。这也是 GPT 生成图像时出现一个常见问题的原因。它们绘图时，画面中的手会多出手指来。这是因为，GPT 图像模型虽然看到人的手指后跟着另一个手指，但通常无法注意到手指的数量只有五根，并且这些手指各不相同。因此，它会预测出更多的手指，画出奇怪的手指。如果 GPT 模型能真正地思考，哪怕它只有小孩子的思考水平，它们也能意识到问题，然后在每一个有正常人的手的图像中画出正确数量的手指。

ChatGPT API 的早期采用者

ChatGPT API 的早期采用者和实验者有 Instacart、Shopify、Quizlet 和 Snap 等。

Instacart（在线食品和杂货购物平台）升级了其 App（应用程序），你可以用它创建定制化的购物清单，为学校午餐、家庭晚餐和社交聚会生成菜单，或者为用掉家里已有食材而生成食谱与购物清单。Instacart 的聊天机器人 Ask Instacart 是采用 API 创建的。

Shopify（电商平台）计划推出一个基于 API 的全新购物助手。个性化助手将能扫描数百万个产品，根据顾客的尺码、品牌偏好和个人风格，为顾客提供个性化的商品推荐。

Quizlet（在线学习平台）在 ChatGPT 推出之前就已经在使用 GPT-3 模型。它在多个场景中应用 ChatGPT，如词汇学习和练习测试。在这些成功试验的基础上，Quizlet 推出了用 API 创建的 Q-Chat，一个专为学生设计的、可根据学生需求自动调整的 AI 导师。

Snap（拍照应用 Snapchat 母公司）在其产品高级版 Snap Plus 中引入了 My AI。My AI 是一项实验性功能，可为用户添加可定制的元素和互动。

比起使用 ChatGPT 的网页版，使用 API 连接其背后的 GPT-3.5-turbo 模型和 GPT-4 模型更高效，也更便宜，很多公司都在考虑这么做。

蓬勃发展的浏览器扩展插件

浏览器扩展插件（extension）是一种小型的模块化软件，可用于定制或扩展浏览器的功能。你可以通过浏览器扩展插件访问 ChatGPT。为什么要使用这些插件？因为它们能让你更快捷、更方便地在任何网站上使用 ChatGPT 功能，还能提供一些附加功能，如导出聊天记录，给出提示语建议等。

以下是谷歌 Chrome 或微软 Edge 浏览器上可用的一些插件，其中有些是免费的，有的可在 Firefox 浏览器上使用。你可在浏览器的扩展商店中找到它们，也可以直接在网上搜索。

- » ChatGPT Chrome 插件：将 ChatGPT 的结果与谷歌搜索结果并排显示
- » Merlin：让 ChatGPT 能撰写邮件回复、做文档摘要、执行电子表格中的计算等
- » Enhanced ChatGPT：为普通 ChatGPT 界面添加一些有用的功能，并提供常见提示语供你使用
- » WebChatGPT：它通过加上一些当前互联网上的内容，让 ChatGPT 的回答同时包括新内容和（ChatGPT 模型训练用的）2021 年的互联网内容。这个插件尝试将两种内容结合起来，但结果有时好、有时坏。OpenAI 提供的 ChatGPT 网络浏览插件（ChatGPT 插件而非浏览器插件）的效果更好些
- » Promptheus：用它写提示语时，你可用语音直接输入。在 ChatGPT 提示栏中，你按下键盘上的空格键开始说话就可以提问了
- » ChatGPT 导出和共享：将 ChatGPT 中的文本导出到其他应用程序中。你也可以将 ChatGPT 的回复保存为图像或 PDF（便携文件格式），或者创建分享链接

请注意

请小心使用任何类型的浏览器扩展插件，无论它们与 ChatGPT 是否有关均应小心使用，因为插件中可能带有恶意软件。在启用一个浏览器扩展插件前，

> 请务必了解它的安全性。请注意，我没有核查以上插件程序是否安全、不含恶意软件。我在此仅列举它们作为示例。

还有很多的 ChatGPT 浏览器扩展插件，你可在浏览器的扩展商店中找到它们。再次强调，请小心使用！

基于 ChatGPT 构建新业务

ChatGPT 还带来了很多新商业机会。例如，它可以想出商业点子，并生成与之匹配的商业计划。一位 Hackernoon 技术出版平台上的作者就此向它提问，ChatGPT 给出了五个商业想法，每个想法都可谓价值百万美元：一种新的可再生能源生成方式，一个远程工作平台，一种新型交通工具，一种新的数据存储方式，一种让医疗保健更便捷与经济实惠的方法。

ChatGPT 还可以撰写与修改商业计划，设计更好的定价模型，优化供应链战略，编写法律文件摘要，申请银行贷款或信用卡，计算税负，确定工资税，以及回答其他复杂的商业问题。

它可以快速地实现商务沟通的自动化，如回复电子邮件、编写营销与网页文案。它还可以撰写各类商业文本，包括工作说明书、合同、服务等级协议（SLA）、保修条款、意向书和政策等。

ChatGPT Vs. 搜索引擎

ChatGPT	搜索引擎
生成组合后的答案	给出一个相关信息列表
没有信息来源	给出信息来源
目前不能生成图像	提供一组相关图像
预测然后给出回应	匹配关键词
可能产生幻觉（虚构内容）	不会产生幻觉
可能提供虚假信息	可能提供虚假信息
提示语决定结果	关键词决定结果

ChatGPT 也可以成为写作和出版业的重要组成部分。小说作者可以用它来生成故事想法、情节和角色。非虚构作者可以让它用作者个人的写作风格和语气撰写文章、白皮书、电子书等的初稿。之后，作者只需进行事实核查和调整，就可快速生成能交稿的稿件。作者可以让 ChatGPT 充当编辑，在将稿件提交给人类编辑或出版商之前，请它将文稿编辑得更好。不过，在本书写作过程中，我并未使用 ChatGPT 来完成这些任务。

此外，ChatGPT 及相关模型也可以成为一家公司的重要组成部分。例如，有人已经使用 DALL–E 模型创建艺术作品并在线销售。这些艺术作品可以按需打印，从而减少浪费和开销，这降低了开展新业务的成本。

ChatGPT 也可以用来协助制作大众需要的电子书、印刷书籍、手册和以文字为主的产品。ChatGPT 还可以在企业里应用，如生成顾客自助服务说明、呼叫中心的脚本、退货说明、产品组装说明及其他文档。

ChatGPT 还可以带来赚钱机会。例如，有些人不会使用 ChatGPT，或者他们需要更好的提示语，则他们会雇别人来帮他们使用 ChatGPT。

ChatGPT 可以与 3D（三维）打印结合起来使用，如根据 ChatGPT 生成的蓝图打印房屋，生产符合美国航空航天局（NASA）精确规格的航天器零件。

使用这项技术的唯一限制是人的想象力和提示语技巧。这正是 ChatGPT 如此令人惊叹、让人感到震撼的原因。

第三章

编写 ChatGPT 提示语

本章内容

» 学习撰写提示语的基础技能

» 精通提示工程

» 估算标记符消耗

» 链式提示语等技巧

» 采用对话方式提问

在这一章中，你将学习如何像专业人士一样编写 ChatGPT 提示语。编写提示语就像使用微波炉，你告诉它做什么，它就会做什么。你不需要技巧，也无须深入理解。但是，如果你想要它输出的内容不是百科式的常规叙述，你就需要掌握一些编写提示语的技巧。

事实上，提示语既是使用生成式 AI 最简单的部分，也是最困难的部分。在基于文本的提示语中，理解它的复杂性和微妙之处很困难，这是一些公司设立提示工程（prompt engineering）职位的原因。提示工程师做的是，设计一个给 AI 模型的输入（提示语），这一半是艺术、一半是逻辑。但是，你也可以做到！不过在申请这个职位之前，你可能需要练习与磨炼编写提示语的技能。

如果你能把握语言的微妙之处，具有出色的批判性思维和解决问题的能力，并且拥有一些直觉智慧，那么用一个精心撰写的提示语从这项技术中获得的精彩回答会让你感到惊讶不已。

提示语基础

从表面上看，ChatGPT 非常简单。如图 3–1 所示，它的用户界面非常优雅、简洁、易用。页面的第一部分是 ChatGPT 的一些提示语示例、功能和局限性。

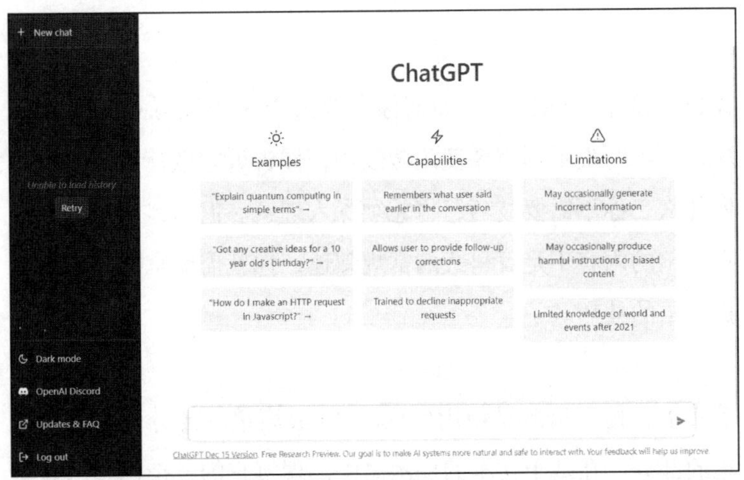

图3–1：ChatGPT的界面首页。

图中信息：

示例

- "简单地解释一下量子计算"
- "有没有为 10 岁孩子庆生的创意想法？"
- "我如何在 JavaScript 中进行 HTTP 请求？"

功能

- 记住用户在对话中说的内容
- 允许用户提供后续修正
- 经过训练，可以拒绝不适当的请求

局限性

- 可能偶尔产生错误的信息
- 可能偶尔产生有害的指导或带有偏见的内容
- 对 2021 年以后的世界和事件了解有限

位于页面底部的提示语栏类似于搜索栏，你只需输入问题或命令，ChatGPT 就会立即生成回答。

如图 3–2 所示，如果输入一个简单的提示语，你将得到一个简单的、类似于百科的答案。这样重复多次后，你可能会认为，这只是一个玩具。对比而言，你用互联网搜索引擎可以获得更好的结果。这是新手常见的误解。在完全掌握 ChatGPT 是什么以及能做什么之前，很多初学者就放弃了，这是一个主要原因。

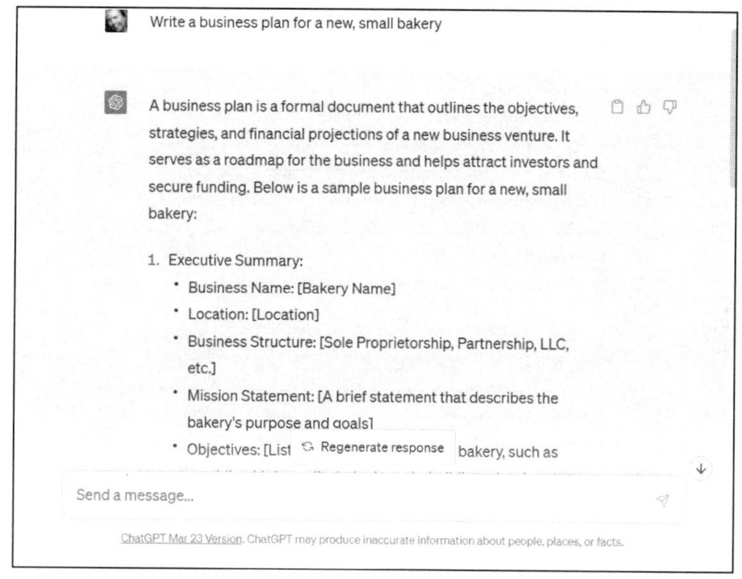

图3-2：ChatGPT的回复是一个商业计划的大纲，提问为“撰写一个新的小面包店的商业计划”。

请注意，你以前在搜索引擎和关键词上的经验在这里不再适用。你必须以完全不同的方式来看待和使用 ChatGPT。你要仔细考虑如何编写提示语。你要在很多选项中权衡。你可以为 ChatGPT 分配一个角色或个性；你也可以将它视为一个团队，为它分配多个角色与个性（见图 3-3）。

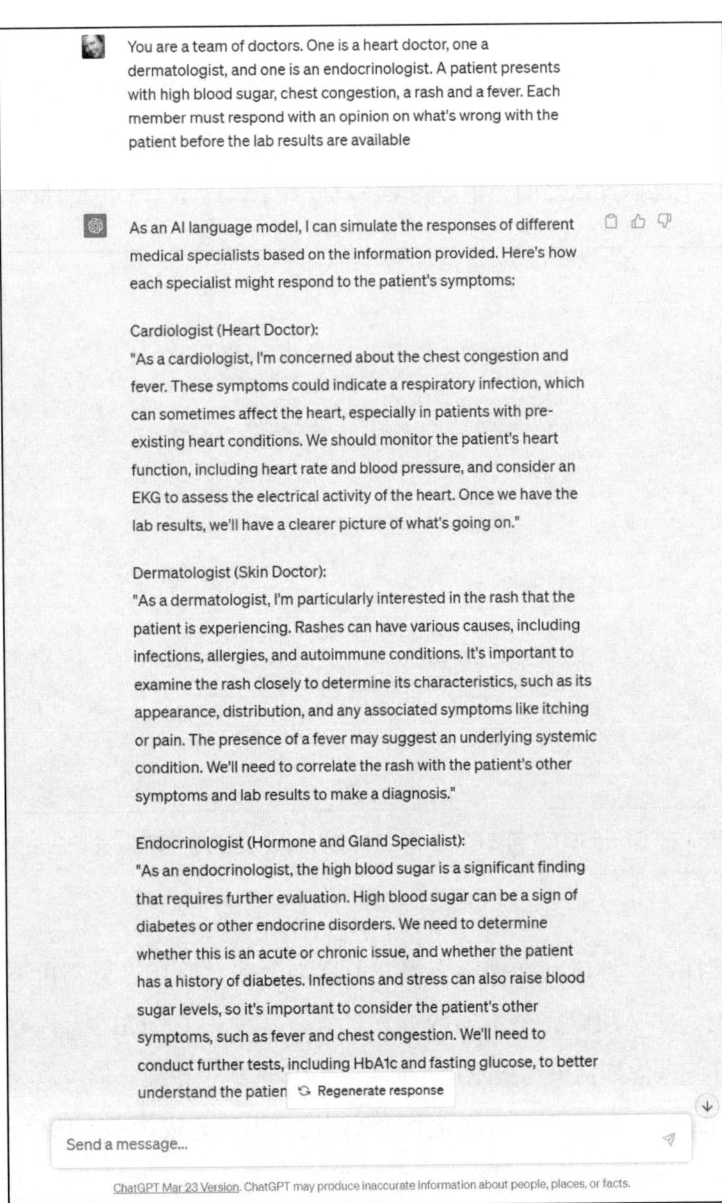
You are a team of doctors. One is a heart doctor, one a dermatologist, and one is an endocrinologist. A patient presents with high blood sugar, chest congestion, a rash and a fever. Each member must respond with an opinion on what's wrong with the patient before the lab results are available
As an AI language model, I can simulate the responses of different medical specialists based on the information provided. Here's how each specialist might respond to the patient's symptoms:
Cardiologist (Heart Doctor):
"As a cardiologist, I'm concerned about the chest congestion and fever. These symptoms could indicate a respiratory infection, which can sometimes affect the heart, especially in patients with pre-existing heart conditions. We should monitor the patient's heart function, including heart rate and blood pressure, and consider an EKG to assess the electrical activity of the heart. Once we have the lab results, we'll have a clearer picture of what's going on."
Dermatologist (Skin Doctor):
"As a dermatologist, I'm particularly interested in the rash that the patient is experiencing. Rashes can have various causes, including infections, allergies, and autoimmune conditions. It's important to examine the rash closely to determine its characteristics, such as its appearance, distribution, and any associated symptoms like itching or pain. The presence of a fever may suggest an underlying systemic condition. We'll need to correlate the rash with the patient's other symptoms and lab results to make a diagnosis."
Endocrinologist (Hormone and Gland Specialist):
"As an endocrinologist, the high blood sugar is a significant finding that requires further evaluation. High blood sugar can be a sign of diabetes or other endocrine disorders. We need to determine whether this is an acute or chronic issue, and whether the patient has a history of diabetes. Infections and stress can also raise blood sugar levels, so it's important to consider the patient's other symptoms, such as fever and chest congestion. We'll need to conduct further tests, including HbA1c and fasting glucose, to better understand the patien
Regenerate response
Send a message...
ChatGPT Mar 23 Version. ChatGPT may produce inaccurate information about people, places, or facts.

图3-3：ChatGPT像一群医生一样回答问题。

图中信息：

你们是一群医生。一个是心脏科医生，一个是皮肤科医生，一个是内分泌科医生。一个病人出现了高血糖、胸闷、皮疹和发热的症状。每个医生都必须在实验室结果出来之前，对病人的情况提出意见。

回答：作为一个 AI 语言模型，我可以根据提供的信息模拟不同医学专家的回应。以下是每个专家可能对病人症状的回应。

心脏科医生：

“作为一名心脏科医生，我对胸闷和发热的症状感到担忧。这些症状可能表明存在呼吸道感染，这有时会影响到心脏，特别是在有心脏病病史的病人中。我们应该监控病人的心脏功能，包括心率和血压，并考虑进行心电图检查以评估心脏的电活动。一旦我们得到了实验室结果，我们就能对情况有更清晰的了解。”

皮肤科医生：

“作为一名皮肤科医生，我很关注病人的皮疹。皮疹有各种原因，包括感染、过敏和自身免疫性疾病。仔细检查皮疹以确定其特征非常重要，比如其外观、分布，以及任何相关的症状，如瘙痒或疼痛。发热可能表明有系统性疾病。我们需要将皮疹与病人的其他症状和实验室结果进行关联，以便做出诊断。”

内分泌科医生：

“作为一名内分泌科医生，高血糖是需要进一步评估的重要发现。高血糖是糖尿病或其他内分泌疾病的迹象。我们需要确定这是急性还是慢性问题，以及病人是否有糖尿病史。感染和压力也可以提高血糖水平，所以考虑病人的其他症状如发热和胸闷，是很重要的。我们需要进行更多的检测，包括 HbA1c（糖化血红蛋白）和空腹血糖，以更好地了解病人的情况。”

（以上文本由 GPT-4 翻译。其仅供作为了解 ChatGPT 回应方式的示例，不作为医疗建议。）

你可以让自己扮演一个新角色或人物。你也可以告诉它，它面对的是什么类型的受众，比如一个高中毕业班、外科医生团队、参加音乐会的人、科技会议的参会者等。

你可以详细或简略地描述场景或情境。你可以提问、下达命令或要求它做某些事。

正如你看到的，提示语不仅是问题或命令。你能否成功地使用 ChatGPT，取决于你是否掌握编写提示语的技巧，用它触发 AI 给出你所需的精准回答。

在编写或评估一个提示语时，请问自己以下几个问题：你希望 ChatGPT 扮演什么角色？你希望 ChatGPT 的回答发生在什么地方、什么时间以及在什么情况或环境中？你输入提示语中的问题是不是你真正要问的问题？你的提示语命令是不是完整的，能让 ChatGPT 从充足的上下文中提取信息，从而为你提供更丰富、完整、多样化的回答？

你需要考虑的最终问题是：你的提示语是具体、详细的，还是含糊其词、漫无目的的？你的提示语是什么类型，那么 ChatGPT 的回答也是什么类型。

ChatGPT 的回答最多只能和你的提示语一样好。这是因为，提示语实际上开启了一个表达模式，然后由 ChatGPT 延续这个模式进行所谓的“文本补全”。你要目的明确、简洁明了地说出这个模式的启动语——提示语。

开始聊天

要开始聊天，你只需在提示栏中输入问题或命令，如图 3–4 所示。ChatGPT 会立即回复你。你可以在提示栏中再次输入提示语，继续聊下去。你可以追问，以更深入地了解它对问题的看法。你也可以让 ChatGPT 进一步完善其回答。

下面是一些你在提示语中可以尝试的操作，其中有些你可能没注意到还可以这么用：

- 在提示语中添加一些数据，并给出关于如何处理这些数据的问题或指令。在提示语中直接添加数据，可以让你给出更多的最新信息，并使 ChatGPT 的回复是定制化的、有针对性的。你可以用 ChatGPT 的网络浏览插件来让它实时联网，使用网上的最新信息。但是，你仍应考虑将数据添加到提示语中，从而让 ChatGPT 将注意力集中在手头的问题或任务上。提示语和回复的长度是有限的，因此编写提示语时请尽量做到简明扼要
- 向 ChatGPT 提出关于风格、语调、词汇水平和其他因素的要求，从而影响它的回答方式

» 让 ChatGPT 在回答中扮演特定的人物形象、职业角色或权威级别

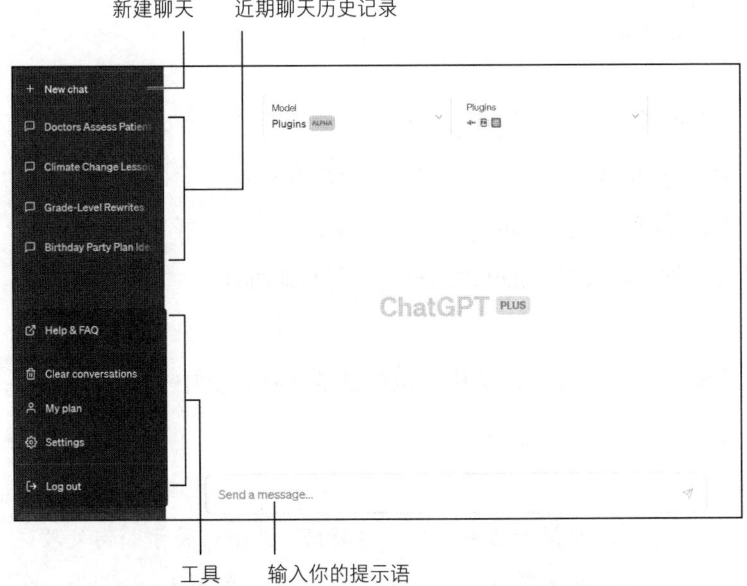

图3-4：ChatGPT用户界面。

如果你使用的是 ChatGPT-4 [①]，你应该很快就能在提示语中添加图片。GPT-4 模型能从图像中提取信息，用于分析。

当一个特定主题或任务的对话完成时，你最好点击左上角的“新建聊天”按钮开始一个新的对话。开始新对话可以防止

① 在本书中，为简化表达，用 ChatGPT-4 来指代使用 GPT-4 模型的 ChatGPT。——译者注

ChatGPT 产生混淆，否则它会将后续提示语看成对话的一部分。另外，若在同一主题或相关主题的对话中进行太多轮提问，可能会导致 AI 给出重复的回答。这些重复的回答可能与你的新提示语完全无关。

总结一下，不要在同一场对话中进行太多轮提问，也不要在一场长对话中聊太多不同的主题，否则 ChatGPT 可能会说一些冒犯人的话，或者编造出随机且错误的答案。

小技巧

在编写提示语时，请将主题或任务限制在较小的范围内。例如，不要在赛车比赛、赛车维修和赛车维护等多个话题上进行很长的对话。为了让 ChatGPT 能专注于某个话题，尝试将提示语缩小到一个主题上。例如，与它讨论如何确定车辆何时有较高的置换价值，让你买新车时能更多地抵消购车成本。这样你得到的回答质量将会高得多。

如果一场对话的问答次数过多，ChatGPT 可能会给你起冒犯性的绰号或开始随意编造答案。较短的对话将大幅降低这些奇怪现象出现的可能性。

例如，在必应搜索引擎中的 ChatGPT，随着问答次数增多，它对用户的回应会变得荒谬，并且它将显得好争辩。之后，微软对每一场对话都做了限制，每一场对话仅可有 5 个提示语，每个用户每天最多可进行 50 次对话。几天后，微软又将每一场对话增加到 6 个提示语，每个用户每天最多可进行 60 次对话。当 AI 研究人员能够使机器的回答达到可接受或至少不冒犯的水平时，对话次数和提示语数量可能会再次增加。

查看你的聊天历史记录

在 ChatGPT 主屏幕左侧（见图 3–4），在“新建聊天”按钮下方是你最近与 ChatGPT 进行的对话列表。这个列表可以让你查看以前的聊天历史记录，方便重新在之前的对话里继续聊下去。单击要查看的对话即可打开它，你可以在提示栏中输入提问，继续这个对话。

但是，聊天历史记录的存储空间是有限的。因此，在一段时间后，一些聊天历史记录会从列表中消失。你可以用如下方式解决存储空间问题：

- 删除你不想存储的个别对话记录，以释放更多存储空间
- 使用设置中的导出功能将你的聊天记录（包括账户详细信息和完整对话）导出为一个可下载的文档。该文档将通过电子邮件发送给你。请注意在你导出数据时出现在屏幕上的警告（见图 3–5）
- 将 ChatGPT 对话存储到本地，比如复制粘贴对话

记录到文档中（如 Word 文件），然后将文档存储在 OpenDrive 或其他文档存储空间里

Request data export - are you sure?

- Your account details and conversations will be included in the export.
- The data will be sent to your registered email in a downloadable file.
- Processing may take some time. You'll be notified when it's ready.

To proceed, click "Confirm export" below.

Cancel　Confirm export

图3-5：在你导出聊天记录时，会出现一个警告界面。

图中信息：

- 您的账户详细信息和对话都将包含在导出文件中。
- 数据将以可下载的文件形式发送到你注册时使用的电子邮箱。
- 处理过程可能需要一些时间。当处理完成时，你将收到通知。

点击你的名字，会出现 5 个按钮，ChatGPT 为用户提供了一些基本的账户管理功能。

要记住

» 清除聊天记录（Clear Conversations）：点击它将删除你的所有聊天记录。你还可以通过点击一个对话记录，点击右侧显示的垃圾桶图标来删除单个记录。OpenAI 会保留所有聊天数据，包括提示语和回复。从 ChatGPT 界面中删除的聊天记录不会从 OpenAI 服务器中删除

» 我的订阅方案（My Plan）：你可以升级或管理你的

订阅，处理账单问题

» 设置（Settings）：你可以将屏幕切换到夜间模式，删除你的账户。你也可以将数据导出到可下载的文件中，该文件将通过电子邮件发送给你。收到电子邮件可能需要一点时间，若你没有立即收到电子邮件，请不要担心与重复导出

» 获取帮助（Get Help）：点击它将带你进入一个常见问题解答列表，其中回答了用户常遇到的问题。你还可以看到 ChatGPT 的版本发布说明

» 退出登录（Log Out）：点击它会注销你的当前 ChatGPT 会话。在公共或共享计算机上使用 ChatGPT 时，为防止他人看到你的对话内容，请确保每次使用后退出登录

理解提示工程

在 AI 领域中，提示工程指的是用自然语言的形式编写任务描述，作为给机器的输入（输入被称为提示语或提示），而不是用计算机代码（编程语言）编写给机器的输入指令。提示工程师可以是受过培训的 AI 专业人士，也可以是具备足够的直觉和可迁移技能，能够编写出可获得预期结果提示语的人。一种可迁移技能的例子是，记者在采访中能通过直接或间接的方式，用问题引导出答案。

“基于提示的学习”（Prompt-based learning）是 AI 工程师训练大语言模型的一种策略。通过这种方式，AI 工程师能使模型适用于多种用途，而不用为每种语言任务重新训练模型。

目前，市场急需有才华的提示语编写者或提示工程师。但人们还在激烈争论，是否应为这种独特的技能设立专门的工作岗位？它是不是一种新职业？就像现在的打字技能一样，它是大多数工作者都应掌握的通用技能吗？

人们也在网络上与其他 ChatGPT 用户共享他们的提示语，你可以在如下网页看到不少例子：https://github.com/f/awesome-chatgpt-prompts。[①]

规避标记符限制，应对对话历史存储问题

ChatGPT 会自动记录你的每个提示语。它们会被用于进一步完善模型，并可能用于训练未来的 OpenAI 模型。用户无法访问自己的全部对话记录。但如前所述，一定数量的对话（提示语和回答）会保留在用户界面左侧的列表中。为了充分利用有限

① 除了用提示语来引导出模型所掌握的知识与能力，基于提示语学习的另一个常见做法为少样本提示，即在提示语中提供一些示例。在研究和实践中都证明，即便模型之前并不了解这项任务，通过对上下文中的少量样本进行学习，它也能学会并完成类似任务，少量样本提示能够大幅度提高 GPT 回复的准确性。这通常也被称为上下文学习。——译者注

的空间，你可以删除不需要存储的对话，也可以将数据复制或导出到其他地方存储。你还可以如图 3–6 那样，当一场对话结束时，请 ChatGPT 为你将对话编写为摘要。

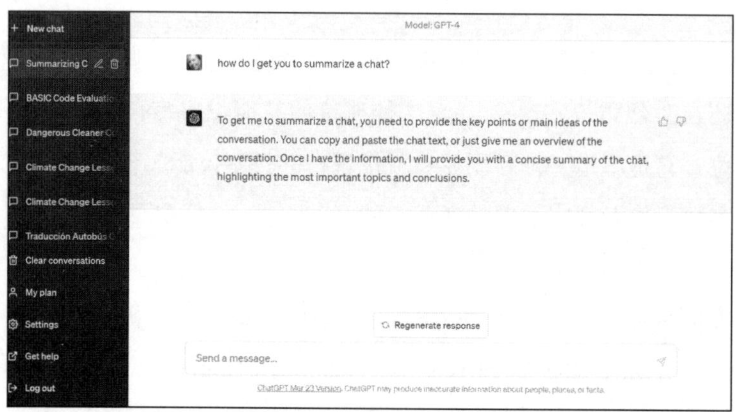

图3-6：ChatGPT告诉你如何总结之前的对话，保留对话精髓但释放出对话历史存储空间。

图中信息：

提问：如何让你为我总结一次聊天？

回答：要让我为你总结一次聊天，你需要提供对话的关键要点或主要观点。你可以复制粘贴聊天文本，或者简单概述对话的内容。有了这些信息，我将为你提供一份简明扼要的聊天总结，并突出重要主题和结论。

ChatGPT 会记得你在同一场对话中先提出的问题，并基于这些信息继续与你对话。但是，这种记忆是有限的。具体来说，模型可以记住对话中最多约 3 000 个单词或 4 000 个标记符。它不能引用你们的其他对话，不管它们是发生在几周之前还是刚刚发生。

如前所述，ChatGPT 将你的提示语变成标记符。但是，标记符不一定由一整个单词组成，因为空格和其他信息也可以包含在标记符中。OpenAI 建议开发者将标记符视为“单词的片段”。

英语与许多语言相比较为简洁，因此用英语编写提示语所需的标记符较少。以下是一些英语对应的标记符计量示例：

» 1 个标记符相当于 4 个英文字符

» 100 个标记符约等于 75 个单词

» 两个句子约等于 30 个标记符

» 一个典型的段落约为 100 个标记符

» 一篇 1 500 字的文章总共约 2 048 个标记符

在计算调用 API 的成本时，采用的计量单位是标记符。在计算 ChatGPT 的输入和输出长度限制时，采用的也是标记符。目前，ChatGPT 包含输入和输出的总长度限制为 4 096 个标记符。[①] 因此，如果你的提示语非常长，比如 4 000 个标记符，你得到的回复将在第 97 个标记符处被截断，即使这是在句子的中间。

如果你想知道你的提示语有多少个标记符，可使用 OpenAI 的分词工具 Tokenizer 测算，如图 3–7 所示，你可在如下网址找

① GPT–4 的 API 提供一场对话上下文长达 3.2 万个标记符的版本，而 Anthropic 的 Claude 聊天机器人有一个版本，提供一场对话上下文长达 10 万个标记符。——译者注

到它：https://platform.openai.com/tokenizer。请注意，标记符长度限制数量可能会随时间变化而增加，因为它们是缘于当下的技术限制，而不像定价模型是公司酌情确定的。

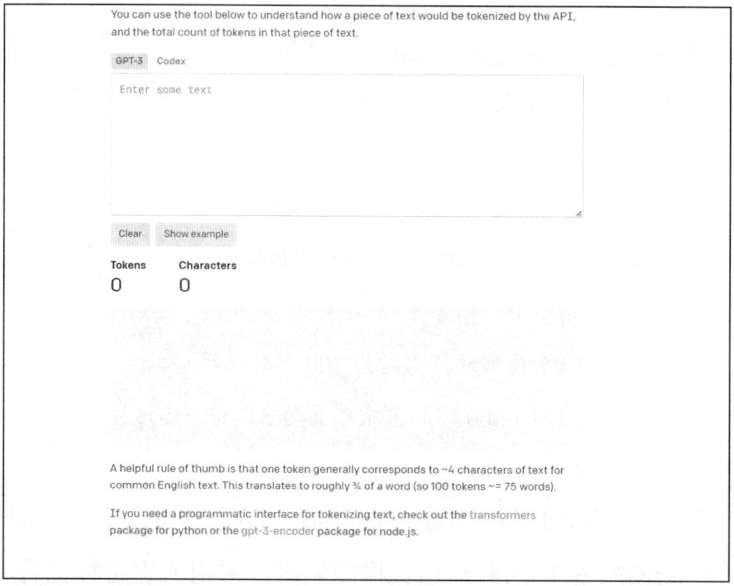

You can use the tool below to understand how a piece of text would be tokenized by the API, and the total count of tokens in that piece of text.

GPT-3 Codex

Enter some text

Clear Show example

Tokens 0

Characters 0

A helpful rule of thumb is that one token generally corresponds to ~4 characters of text for common English text. This translates to roughly ¾ of a word (so 100 tokens ~= 75 words).

If you need a programmatic interface for tokenizing text, check out the transformers package for python or the gpt-3-encoder package for node.js.

图3-7：OpenAI 分词工具 Tokenizer 可帮你理解API是如何将单词拆分为标记符的。

为了在标记符数量限制内最大限度地有效进行对话，应尽量在压缩提示语之后再将之输入 ChatGPT 的提示栏中。你可在其他地方写下提示语并编辑它，目的是让它尽可能简洁、简化。这样做是因为你的大脑运转并不需要占用标记符数量。

你还可以请 ChatGPT 帮你简化你的提示语。你将提示语文本放在引号中，并告诉 ChatGPT 帮忙简化引号内的部分。简化完后，将新提示语输入一个新对话中提问，等待回答。

你还可以要求 ChatGPT 压缩回复或总结回复。压缩回复是指，将其编辑为紧凑、较短的形式，但保留大部分内容。总结回复是指，让 ChatGPT 总结对话的要点。

你还可以采取这样的策略，将压缩回复或总结回复持续地移动到新对话中，从而不受原对话的标记符数量限制，获得更长的回复。不过，日常使用时通常并不需要这个方法，建议仅在必要时适度使用。

小技巧

如果一个回复由于标记符限制而被截断，那么你可以点击“继续生成”按钮让 ChatGPT 继续。你也可以直接在对话中说“从‘被截断的文本’处继续开始”。在需要时，你可以请 ChatGPT 压缩回复或总结回复。

在对话中思考

当一方的话引发并影响另一方的回应时，对话就开始了。大多数对话不会在简单交流之后就结束，对话会在对方的互动中继续下去。在对话中产生的一系列消息可被称为“消息串”。

想要提高使用 ChatGPT 的成功率，你编写提示语时应将它看成对话消息串的一部分，而不是将它看成一个单独的查询。这样，你编写一个提示语，得到一个想要的回答，然后将回答作为下一个提示语的基础，你接着提问直到达到预设的对话最终目标。你编写一系列提示语，从而更精确地引导 ChatGPT 的“思维过程”。

小技巧

若使用简单的提示语，你得到的回答很可能过于常规或有些模糊。当你以消息串来考虑对话时，你不是仅编写一系列简单的提示语。你需要做的是，将提问拆分到一系列的提示语中，引导 ChatGPT 的回复朝着你希望对话的方向前进。这带来的效果是，你用一系列提示语来引导 ChatGPT 回答的内容和方向。

这种方式总是有效的吗？当然不是。ChatGPT 的回答可能与你期待的完全不同，它可能重复之前的回复，或者编造一个回复。但编写一组提示语并按顺序提问通常是有效的，这能让你保持对话的针对性，让回复朝着你期待的目标迈进。

你还可以用这个思路设计一个单一的提示语。你可以这么设想：有一个人在向你提问，请你解释你的想法或问题。写提示语时，你将这些解释信息加进去，这样在对话中，AI 模型就有了所需的上下文，能够给你聪明且精练的回答。

ChatGPT 不会要求你解释你的提示语。相反，它会猜测你的意思。如果一开始你就在提示语中明确表达出你的意思，你通常会得到更高质量的回答。

链式提示语及其他提示语技巧

以下是一些实用的技巧，可帮助你掌握编写提示语的技巧：

- 比预期花更多的时间来编写提示语。无论你编写了多少次提示语，下一个提示语都不会变得更容易。不要试图匆忙地完成这一项任务
- 首先明确目标。你希望 ChatGPT 提供什么？设计你的提示语，以将它引向该目标。如果你知道自己想要去哪里，你就能够编写出一个可以带你到达那里的提示语
- 像一个讲故事的人一样思考，而不是像一个盘问者一样思考。让 ChatGPT 按一个特定角色或知识水平来回答问题。比如告诉它，它是一位化学家、肿瘤科医生、顾问或其他工作角色。你还可以要求它像名人（例如丘吉尔、莎士比亚或爱因斯坦）或虚构人物（例如电影《洛奇》中的洛奇）一样回答问题。给它一个你自己写的样本示例，用于指导它如何回答，让它按你的方式完成任务
- 记住，ChatGPT 可以做任何合理合法的任务与思考

练习，这些都在它的能力范围内。例如，你可以让它检查你的作业、检查孩子的作业，甚至让它检查它自己的作业。你可以将程序代码或文本段落放在引号内给它，要求它查找其中的错误或背后的逻辑错误。你不仅可以让它检查作业，还可以让它帮助你思考。你可以请它去完成一个你遇到困难的想法、练习或数学方程式。除了 AI 训练者设定的少数安全规则，你提问的唯一限制是你的想象力[①]

» 要具体。你在提示语中包含的细节越多，回答效果就越好。简单的提示语会带来简单的回复。更具体、精练的提示语会带来更详细、更细致、更微妙的回答，能更好地展现 ChatGPT 的能力。并且，这些回答通常都不会超出标记符数量的限制

» 使用提示链策略。提示链是创建聊天机器人的一种技巧，但我们在这里可以这样用，将它作为一种策略来向 ChatGPT 提问，我们的提问是一组组合的提示语或一组序列提示语。也就是说，使用多个提示语来引导它进行复杂的思考过程。你可以在一次输入中包含多个提示语，例如，告诉 ChatGPT 它是由

① 如果你要将程序代码或长段文本给 ChatGPT，最好用分隔符，使用分隔符也是 OpenAI 与知名 AI 学者吴恩达合作的给工程师的提示语课程中特别强调的一个技巧。通常，我们将程序代码放在由三个反引号组成的分隔符之内，长段文本则放在由三个英文引号组成的分隔符之内。这能让 ChatGPT 更好地了解，分隔符内的内容是它要处理的内容。——译者注

几个成员组成的团队，每个成员是不同的角色，以及每个成员都要回答你输入的提问。又或者，你可以逐次输入多个提示语进行提问，每次回答都成为下一个提问的一部分。这样，每个回复都建立在你输入的新提示语和之前的提示语之上。除非你要求它回答时忽略较早的提示语，否则一个提示链会自然而然地形成

» 使用各种提示语库和提示语工具来改进你的提示语。以下是一些在线资源

- Awesome ChatGPT 提示语库，网址为 https://github.com/f/awesome-chatgpt-prompts
- 使用提示语生成器来让 ChatGPT 改进你的提示，网址为 https://www.skool.com/chatgpt/prompt-generator?p=1e5ede93
- ChatGPT 和必应的 AI 提示语，网址为 https://github.com/yokoffing/ChatGPT-Prompts
- Hugging Face 上的 ChatGPT 提示语生成器工具，网址为 https://huggingface.co/spaces/merve/ChatGPT-prompt-generator%203
- 尝试使用专门的提示语模板，在如下网址中有为销售和市场营销场景精选的提示语列表：https://www.tooltester.com/en/blog/best-chatgpt-prompts/#ChatGPT_ Prompts_for_Sales_and_Marketing_Use_Cases

在 GitHub，你还可以找到许多提示语精选列表和多种免费提示语工具。但在使用或依赖它们之前，请务必仔细检查它们的源代码、应用程序和浏览器扩展中是否存在恶意软件

第四章

理解 ChatGPT 中的 GPT 模型

本章内容

- 比较 ChatGPT 背后的模型
- 理解升级带来的变化
- 充分利用各个模型的能力
- 领会扩展到图像输入的重要性

ChatGPT 的模型在快速升级。2022 年 11 月，使用 GPT–3.5 的 ChatGPT 发布，公众开始试用并参与训练。2023 年 3 月，GPT–4 发布。在本章中，你将了解这些模型，并了解每个模型如何提升 ChatGPT 的性能。

模型进展概要

截至目前，ChatGPT 默认使用 GPT–3.5 模型，但 ChatGPT Plus 用户可以从用户界面顶部的菜单中选择用哪个模型，如图 4–1 所示。

GPT–3.5 实际上是 GPT–4 的早期版本，在 GPT–4 被完全训练好之前，它被用来展示其部分能力。OpenAI 还用 GPT–3.5 模型进一步开发多个专业系统，其中包括 ChatGPT 聊天机器人。

以增量迭代的方式推出 GPT–3.5 对用户和开发者都很有帮助，它给用户带来更强的稳定性、更好的性能，而对开发者而言成本也大幅降低。

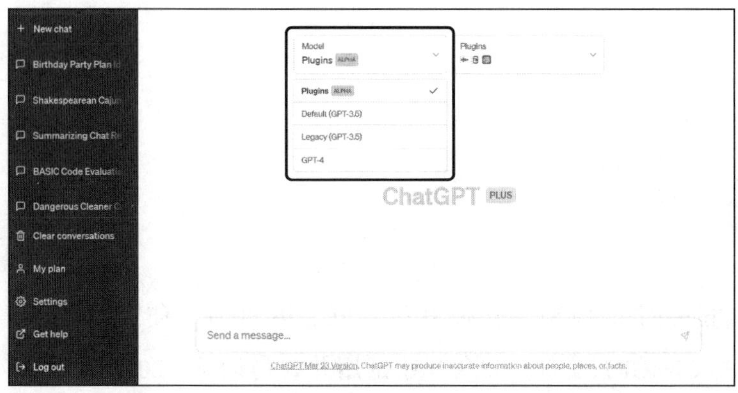

图4-1：ChatGPT Plus用户可选择模型。

GPT–3.5 在许多方面比 GPT–3 更优秀，其中最突出的两点是：它能更好地与用户意图保持一致，以及更精细地控制有害的或有偏见的内容。GPT–3.5 较少出现冒犯人的情况或出现幻觉，并且整体更加稳定。

GPT–4 是 GPT 系列模型的最新完整版，备受期待和褒扬。从 GPT–2 到 GPT–3 的升级跃升更大、更令人印象深刻，但从 GPT–3 到 GPT–4 的跳跃更加重要与实用，因而更值得关注。GPT–4 是一个性能更高、更稳定、更安全的模型。

在 2023 年 3 月发布前，公众对 GPT–4 的关注度就很高。自 2022 年 11 月公开发布产品以来，ChatGPT 仅在短短 4 个月内就经历了数个模型版本的迭代，这本身就是一个了不起的成就。

比较 GPT-4 与早期的 ChatGPT 模型

ChatGPT 可使用的最新模型 GPT-4 是一种所谓的“多模态模型”，这个大语言模型可以接受有图像和文本的提示语，不过其回答仍只是文本。GPT-3.5 的提示语和回答都只能是文本。与之前的模型相比，GPT-4 也使用更大的数据库，进行更多的计算。

图像解释是一项独特的 AI 能力，通常被称为计算机视觉或机器视觉。将视觉作为输入源，是AI向更接近人类迈出的重要一步。

有了这种能力，AI 可以分析或匹配图像，还可以像人类一样从图像中提取数据。例如，当看到一个收据时，人可以马上理解所需要支付的费用，并能计算要额外支付的小费。

同样地，AI 可以使用图像输入来做很多事：提取面部识别所需的数据，阅读图像中的内容，发现犯罪现场的证据，通过 X 光片了解病人的健康状况。

因此，AI 模型能用图像作为输入是非常重要的。早期的 AI 通常没有这一能力。即使如此，你可能还是会想，为什么它现在值得关注？毕竟，多模态模型已经存在了很长时间。例如，OpenAI 自己的绘图模型 DALL–E 2 模型就是多模态的，它的提示语可以是文本、图像或文本加图像，其输出是图像。那么，这是否意味着 DALL–E 2 是比 GPT–4 更好的多模态模型呢?

答案是否定的。DALL–E 2 背后也是 GPT 模型。GPT–4 模型有可能用如下方式提高 DALL–E 2 的性能：更有创意、图像生成和编辑效果更真实、分辨率更高。DALL–E 是一个图像生成器，DALL–E 2 也是一个图像生成器，而现在它们有了一个功能更加强大的引擎，即 GPT–4。[①]

对比而言，ChatGPT 聊天机器人之前是一个单模态系统，仅能接受字母、数字等文本提示语。现在，在使用 GPT–4 模型后，ChatGPT 也变成了多模态系统，这意味着它现在可以接受图像作为输入的提示语。ChatGPT 是一个文本生成器，在使用 GPT–4 模型之后，它升级成了更强大的文本生成器。

新升级让 GPT–4 大大胜过之前的 AI 系统：它可以对图像进行解释，它能理解视觉幽默，它能基于视觉输入进行推理。

扩展模型的输入类型使 GPT–4 能够执行更复杂的任务，进行更深入、更精细的分析。总之，GPT–4 具有更强的问题解决

① DALL–E 2 绘图模型是 OpenAI 公司在 2022 年 4 月发布的，是基于 GPT–3 多模态模型实现的。我们可以合理预测，以后 OpenAI 会基于 GPT–4 推出新版的 DALL–E 模型。根据 DALL–E 2 介绍网页的信息，其功能主要包括四种：由文字生成图片、画布扩展、图像填充、图片变化。网址为 https://openai.com/product/dall-e-2。——译者注

能力、（对于一个 AI 模型来说的）超强创造力以及极其庞大的通用知识库。它是迄今为止最大的大语言模型。

正如之前提到的，就像早前版本一样，使用 GPT–4 模型的 ChatGPT 不能生成图像，它仅生成文本。但现在，它能更深入地考虑你的输入和理解你想要什么。

选择 ChatGPT 模型

如图 4–2 所示，在 ChatGPT 中你可以选择使用哪个模型。ChatGPT–4 无法生成图像，如果你也并不想要在提示语中加入图像，那么你需要选择 ChatGPT–4 吗？你仍使用之前版本的模型可以吗？

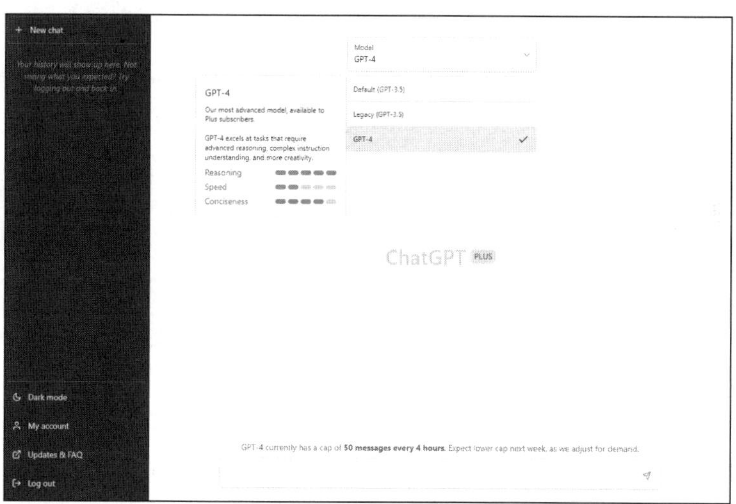

图4–2：你可以选择在聊天中使用哪个GPT模型。

这个问题的答案取决于，你要用ChatGPT做什么，你对它的期望或需求是什么。如果你关注的是更强的知识可靠性，那么GPT-4模型远远领先于GPT-3和GPT-3.5。例如，GPT-4在模拟律师资格考试中的得分与参加考试排名前10%的人类得分相当。相比之下，GPT-3.5的得分属于最低的10%。在人类与AI的比较测试中，这并非GPT-4表现出色的唯一一项。图4-3为OpenAI发布的《GPT-4技术报告》中GPT-4参与的学术和专业考试列表，你可以在如下网址看到这个报告：https://cdn.openai.com/papers/gpt-4.pdf。

GPT-4表现更好，因为它受到了更好的训练。它是建立在GPT-3的训练基础之上的，借鉴了来自ChatGPT的经验教训，并采用模型间的对抗测试进一步让它与用户意图保持一致。结果是一个功能强大、更稳定、具有多模态输入能力的大语言模型。

多模态是AI研究中的一个新趋势。微软最近发布的Kosmos-1模型和谷歌最近发布的PaLM语言模型是另外两个多模态模型的例子。

但是，由于其强大的能力以及庞大的训练规模，GPT-4和其他多模态模型也会加大风险，并可能带来一些新风险。OpenAI已经采取了重要措施以让GPT-4更安全，但“更安全”是一个相对的概念，并不能保证它是绝对安全的。我这么说并非贬低OpenAI在安全措施方面的工作，而是为了提醒你应该对

GPT-4 抱有合理的期望，并谨慎行事。

Exam	GPT-4	GPT-4 (no vision)	GPT-3.5
Uniform Bar Exam (MBE+MEE+MPT)	298 / 400 (~90th)	298 / 400 (~90th)	213 / 400 (~10th)
LSAT	163 (~88th)	161 (~83rd)	149 (~40th)
SAT Evidence-Based Reading & Writing	710 / 800 (~93rd)	710 / 800 (~93rd)	670 / 800 (~87th)
SAT Math	700 / 800 (~89th)	690 / 800 (~89th)	590 / 800 (~70th)
Graduate Record Examination (GRE) Quantitative	163 / 170 (~80th)	157 / 170 (~62nd)	147 / 170 (~25th)
Graduate Record Examination (GRE) Verbal	169 / 170 (~99th)	165 / 170 (~96th)	154 / 170 (~63rd)
Graduate Record Examination (GRE) Writing	4 / 6 (~54th)	4 / 6 (~54th)	4 / 6 (~54th)
USABO Semifinal Exam 2020	87 / 150 (99th - 100th)	87 / 150 (99th - 100th)	43 / 150 (31st - 33rd)
USNCO Local Section Exam 2022	36 / 60	38 / 60	24 / 60
Medical Knowledge Self-Assessment Program	75 %	75 %	53 %
Codeforces Rating	392 (below 5th)	392 (below 5th)	260 (below 5th)
AP Art History	5 (86th - 100th)	5 (86th - 100th)	5 (86th - 100th)
AP Biology	5 (85th - 100th)	5 (85th - 100th)	4 (62nd - 85th)
AP Calculus BC	4 (43rd - 59th)	4 (43rd - 59th)	1 (0th - 7th)
AP Chemistry	4 (71st - 88th)	4 (71st - 88th)	2 (22nd - 46th)
AP English Language and Composition	2 (14th - 44th)	2 (14th - 44th)	2 (14th - 44th)
AP English Literature and Composition	2 (8th - 22nd)	2 (8th - 22nd)	2 (8th - 22nd)
AP Environmental Science	5 (91st - 100th)	5 (91st - 100th)	5 (91st - 100th)
AP Macroeconomics	5 (84th - 100th)	5 (84th - 100th)	2 (33rd - 48th)
AP Microeconomics	5 (82nd - 100th)	4 (60th - 82nd)	4 (60th - 82nd)
AP Physics 2	4 (66th - 84th)	4 (66th - 84th)	3 (30th - 66th)
AP Psychology	5 (83rd - 100th)	5 (83rd - 100th)	5 (83rd - 100th)
AP Statistics	5 (85th - 100th)	5 (85th - 100th)	3 (40th - 63rd)
AP US Government	5 (88th - 100th)	5 (88th - 100th)	4 (77th - 88th)
AP US History	5 (89th - 100th)	4 (74th - 89th)	4 (74th - 89th)
AP World History	4 (65th - 87th)	4 (65th - 87th)	4 (65th - 87th)
AMC 10[3]	30 / 150 (6th - 12th)	36 / 150 (10th - 19th)	36 / 150 (10th - 19th)
AMC 12[3]	60 / 150 (45th - 66th)	48 / 150 (19th - 40th)	30 / 150 (4th - 8th)
Introductory Sommelier (theory knowledge)	92 %	92 %	80 %
Certified Sommelier (theory knowledge)	86 %	86 %	58 %
Advanced Sommelier (theory knowledge)	77 %	77 %	46 %
Leetcode (easy)	31 / 41	31 / 41	12 / 41
Leetcode (medium)	21 / 80	21 / 80	8 / 80
Leetcode (hard)	3 / 45	3 / 45	0 / 45

Table 1. GPT performance on academic and professional exams. In each case, we simulate the conditions and scoring of the real exam. We report GPT-4's final score graded according to exam-specific rubrics, as well as the percentile of test-takers achieving GPT-4's score.

5

图4-3：GPT-4参与各种学术和专业考试的成绩。

图中信息：在每种情况下，我们模拟真实考试的条件和评分方式。我们按照考试特定的评分标准，报告 GPT-4 的最终成绩以及 GPT-4 在所有考生中的百分位数。

确定你可以接受的风险程度，然后采取必要的额外步骤来规避风险。你的预防措施至少应包括对 ChatGPT 的回答进行编辑和核查。你可能还需要采取其他措施。例如，如果你请 ChatGPT 回答法律问题或为你生成法律文件，那么在接受其建议或使用该法律文件前，你应咨询律师。在把 ChatGPT 的医学建议看成正确的、安全的治疗方案前，请向医生咨询。

与之前的版本相比，GPT–4 的推理能力更强，它的安全护栏也更加完善，这使模型不会莫名地回避问题或变得具有冒犯性。即使你不需要也不想在提示语中使用图像，这些变化都足以让你考虑选择使用新模型。

但这并不是说 GPT–3.5 或 GPT–3 已经过时。这些模型都是伟大的技术成就，处于大语言模型中的顶级水平。它们在许多用例中仍然表现良好。另外，也有很多实际的理由表明它们都还是不错的替代选择，比如你还在 GPT–4 的等待列表中没法用上它，或者你使用 GPT–4 时遇到拥堵。[①]

这些模型都不简单。你需要了解模型之间的差异，并根据你

---

① 截至本书出版时，ChatGPT Plus 的用户可以使用 GPT–4 模型，但受每 3 个小时 25 条提问的限制。当超过限制后，用户就需要转用 GPT–3.5。GPT–4 的 API 还在陆续向等待列表中提出申请的开发者开放权限，大量的开发者目前仍只能使用 GPT–3、GPT–3.5 的 API 进行应用开发。即便获得了 GPT–4 的 API 权限，很多开发者仍会选用 GPT–3.5 模型，因为价格相差数十倍。——译者注

的需求和喜好进行选择。除非你删除聊天记录，否则你的ChatGPT聊天记录会跟随你从一个模型迁移到另一个模型。你可能会因为存储限制、对话标记符数量限制而切换模型，但不必担心在切换时丢失任何先前的工作内容。

当然，大多数用户都会选择使用GPT–4或任何随后出现的新模型，这可能是因为他们有意识地想享受模型升级的好处，也可能只是因为他们接受了产品的默认模型设置。

了解GPT–4的新进展

在GPT–4模型的所有改进中，最重要且与整体性能最相关的是可预测性（predictability），它是指这个模型生成的输出是AI人类训练师可以预测的。之前的GPT模型的可预测性并不是很好。

能够预测输出，对于确定AI模型的可靠性和准确性至关重要。例如，无论一台机器是一个简单的计算器还是一个生成式AI模型，如果它每次对“2+5=？”这个问题都给出答案7，那么它做这一计算就是100%准确且可靠的。但是，如果它只有一半的概率回答7，另一半概率回答一个随机的数字，那么它就不能被认为足够可靠，即便它有50%的概率的确给出了正确答案。

OpenAI 的研究人员能够至少准确地预测 GPT-4 的部分回答，这在 AI 技术进步过程中是一个重大成就。为了做到这一点，在过去两年中，OpenAI 研究人员重构了他们的整个深度学习技术架构，如第二章所述，OpenAI 还与微软一起设计了用于它的超级计算机。它们也用这套方法研发了 GPT-3.5 模型，OpenAI 解释说，GPT-3.5 是 GPT-4 模型的“首次试运行”，目的是消除漏洞和改进基础架构。

OpenAI 公司通过 ChatGPT 和 API 发布了 GPT-4 的文本输入功能。它与合作伙伴 Be My Eyes 合作，用 GPT-4 制作了 Virtual Volunteer（虚拟志愿者）工具，实现了图像输入功能。这是俗语“众人拾柴火焰高”的真实体现。

作为 ChatGPT 模型性能衡量的总结，请参阅图 4-4 中与最先进模型的比较评级。

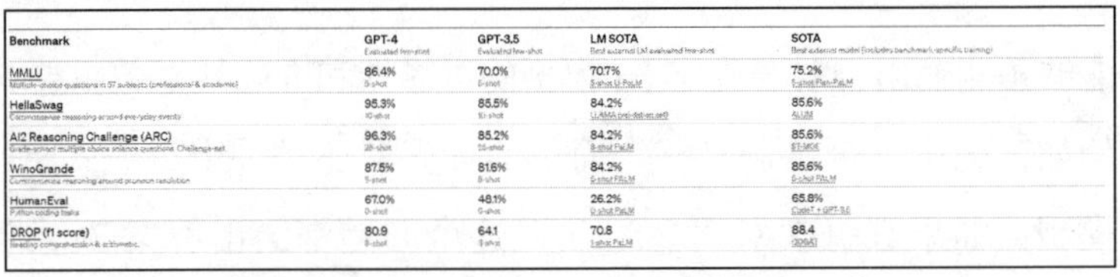

Benchmark	GPT-4 Evaluated few-shot	GPT-3.5 Evaluated few-shot	LM SOTA Best external LM evaluated few-shot	SOTA Best external model (includes benchmark-specific training)
MMLU Multiple-choice questions in 57 subjects (professional & academic)	86.4% 5-shot	70.0% 5-shot	70.7% 5-shot U-PaLM	75.2% 5-shot Flan-PaLM
HellaSwag Commonsense reasoning around everyday events	95.3% 10-shot	85.5% 10-shot	84.2% LLAMA (validation set)	85.6% ALUM
AI2 Reasoning Challenge (ARC) Grade-school multiple choice science questions. Challenge-set.	96.3% 25-shot	85.2% 25-shot	84.2% 8-shot PaLM	85.6% ST-MOE
WinoGrande Commonsense reasoning around pronoun resolution	87.5% 5-shot	81.6% 5-shot	84.2% 5-shot PALM	85.6% 5-shot PALM
HumanEval Python coding tasks	67.0% 0-shot	48.1% 0-shot	26.2% 0-shot PaLM	65.8% CodeT + GPT-3.5
DROP (f1 score) Reading comprehension & arithmetic.	80.9 3-shot	64.1 3-shot	70.8 1-shot PaLM	88.4 QDGAT

图4-4：利用传统基准测试比较ChatGPT与其他模型（由OpenAI提供）。

适应 GPT-4 的局限性

GPT-4 具有局限性。它仍然会出现幻觉，即提供的信息是不真实的，并因此产生推理错误。但它出现幻觉的频率大大降低了。在 OpenAI 内部各模型间进行的对抗性事实评估中，GPT-4 得分始终比 GPT-3.5 高 40%。（所谓对抗性事实评估是，让 AI 模型测试评估彼此的输出，以相互对抗的方式快速地进行事实核查。）

GPT-4 无法了解 2021 年 9 月后的事件和信息，因为它的训练数据截至这一时点。换句话说，它的数据库主要是截至该日期前从互联网上收集的数据，在本书撰写时依然如此。对于基于 GPT-4 的 ChatGPT，如果你要它使用新数据或互联网上不存在的数据，你可以这样做：在提示语中包含该数据；使用专门的插件（如 Wolfram 或 Zapier），或者使用网络浏览插件让 ChatGPT 实时联网。

GPT-4 对自己的答案非常有信心。但是，它并不总是仔细检查结果以消除错误，因此它可能会产生幻觉（对一种可证明错误的答案非常有信心）。

由于 GPT-4 的规模，包括其数据规模、模型参数规模、用户数量规模，对它来说，所有 AI 模型的常见风险都会同比增加。不过，这些风险是已知的，OpenAI 也通过增加数个安全属性及模型级干预来减少它们对 GPT-4 的影响。GPT-4 仍然可能被操纵以产生不良行为，但 OpenAI 正在稳步地迭代，让模型越来越难以被操纵。

OpenAI 有一个名为 OpenAI Evals 的评估框架，用它可以创建和运行基准测试去评估 AI 模型。最近，OpenAI 开源了这个评估框架，以实现基准测试的众包和共享。更好的测试和训练能催生更可靠的 AI 模型。

用户应该注意，对 ChatGPT 任何模型的输出都应进行事实核查。过去，在发布文章之前，我们会对自己或他人的文章进行检查，这个额外步骤与之非常相似。

截至本书撰写时，OpenAI 尚未向公众发布在提示语中输入图像的功能。目前，部分经选择的用户和开发者在对此功能进行测试。在推出前，开发者可以加入等待列表，以获得 API 使用权限来使用这一功能。

第五章

警告、伦理和“负责任的 AI”

本章内容

» 了解“负责任的 AI”运动

» 关注 OpenAI 的警告

» 失去版权与知识产权保护

» 追求可靠性和信任度

» 降低风险

模型的每次改进都旨在提升模型各方面的稳定性和整体表现，包括可靠性、准确性和伦理规范等。在本章中，你将了解这些意味着什么，为什么这些改进至关重要。

创造“负责任的 AI”

在面对 AI 时，几乎每个人都有不祥的预感与本能的谨慎。一个名为“负责任的 AI”（responsible AI）的行业应运而生，它旨在确保 AI 在设计上是负责任的。它的目标是，从一开始就确保 AI 模型建立在一些特定原则的基础上，而不是在模型成熟后或模型部署后采取零散的措施，或者更糟糕的是根本不管不顾。

许多 AI 厂商和社区都积极拥抱“负责任的 AI”运动所倡导的基本原则，包括：

- 问责制

» 偏见评估

» 可靠性与安全性

» 公平性和可访问性

» 透明性和可解释性

» 隐私和安全性

ChatGPT 的创造者 OpenAI 公司一再承诺遵守“负责任的 AI”原则。它也通过多种方式为此做出贡献，包括开源 Evals（用于评估 OpenAI 模型的框架）、开源所用的基准评测，并发表多篇政策研究论文。

OpenAI 的合作伙伴和协作者也都秉承“负责任的 AI”原则。不过，当前的经济压力会考验这些企业能否坚守其承诺。例如，2023 年以来许多技术巨头在裁员。2023 年 3 月，微软裁撤了其 AI 伦理和社会团队，该团队负责在微软产品发布之前确保其遵循“负责任的 AI”原则。在大型 AI 产品和服务厂商中，微软肯定不会是这样做的最后一个。

令人不安的新情况

不久之前，AI 还是少数拥有专业技能学者的专有领域。但是，ChatGPT 在公众中引发轰动后，各方都表现出极大兴趣。现在，几乎每个人都想用 AI。同时，也有很多人渴望开发自己的 AI，由于工具普及和成本下降，几乎所有人都可以这样做了。

例如，斯坦福大学的研究人员开发了 AI 模型 Alpaca（常被称为“小羊驼”），它在数项任务上的表现都接近 ChatGPT。Alpaca 基于一个被称为 LLaMA（常被称为“羊驼”）的开源语言模型，而 LLaMA 是由脸书母公司 Meta 开发的。斯坦福大学的研究人员仅花费不到 600 美元对其进行了微调训练，就让 Alpaca 充当了 ChatGPT 的廉价仿制品。①

然而，廉价的 AI 可能会被证明是成本高昂的 AI。Alpaca 非常不安全，因为它经常给出错误或有害的回复。在推出后不久，斯坦福大学的研究人员就将它下线了。但是，该模型的数据集和进行微调的代码仍在 GitHub 网站上，任何人均可使用，研究人员也在那里发布了模型的权重参数。这样做的背后有一个崇高的意图：为 AI 社区提供一个轻量级模型，以研究 AI 模型的各种缺陷，从而创造出更多“负责任的 AI”。

但这背后噩梦般的问题是，任何人都可以使用 GitHub 网站上的数据集和代码创建一个 AI 模型（实质上是微调出一个特定的模型）。根据斯坦福大学的估计，如果流程足够优化，则微调成本

① 在 2023 年 2 月 Meta 公司开源 LLaMA 模型代码后，尤其是在其模型参数被公开“泄露”后，出现了一系列基于它微调而来的衍生模型。一方面，人们基于不同的数据集（如金融、法律、医学领域，或者中文、法文、西班牙语等语言）对之进行微调；另一方面，人们用微调技术对其进行训练，如 Alpaca（指令微调）、Vicuna（聊天模型）、Stable Vicuna（采用 RLHF 训练）等。每个开源模型都以类似的方式快速发展，比如清华大学开源的大语言模型 ChatGLM，以及 Stability 开源的图像生成模型 Stable Diffusion（SD）。——译者注

仅需约 100 美元。考虑到云计算成本会继续下降，100 美元并非一个离谱的估计。报道称，有人在树莓派（Raspberry Pi）电脑及谷歌 Pixel 6 智能手机上运行 Alpaca 模型，提供问答服务。[①]

与此同时，AI 模型也与互联网的黑暗社区搅到一起。例如，据报道，在发布一周后，Meta 公司的 LLaMA 模型的参数被人在 4chan 论坛上泄露出来。[②] 就 AI 来说，更便宜往往意味着在保障人类安全方面做得更差。例如，AI 模型可能提供错误或有害信息，而如果有人按这些信息行动则可能对身体造成伤害。错误的信息也可能助长有害的阴谋论，引发公众的不安。现在想象一下，假设有人故意创建一个恶意的 AI 模型，几乎不为它设置任何安全保护措施，那会让人非常担心。

不要忘记，有些国家的意图也可能是可疑的。目前，很多国家的政府都在使用各种类型的 AI，其中大部分是机密，无法公开审查。另外，世界各国政府也担心，AI 可能被用于恐怖袭击、网络攻击或暴动。

正是考虑到 AI 可能带来的问题，OpenAI 未向中国个人用户

① 一个微调模型要经过两个阶段：第一个阶段是微调，在预训练模型基础上进行微调，得到微调后的模型参数；第二个阶段是推理，使用微调后的模型参数提供问答服务。——译者注

② Meta 公司的 LLaMA 模型仅开源了代码，未开源经过训练的模型参数，研究者可通过向其申请获得模型参数。在 4chan 论坛上泄露的是模型参数。——译者注

开放 ChatGPT 服务。百度则推出了替代产品——文心模型（Ernie）和聊天机器人文心一言（Ernie bot）。Ernie 的英文全称是 Enhanced Representation from kNowledge IntEgration，意为知识整合的增强表示。[①]

文心一言与ChatGPT有两个主要不同。一方面，文心一言可以生成多模态输出，意味着它可以生成文本和图像，而 ChatGPT只能生成文本；另一方面，文心一言不能分析提示语中的图片，而 GPT–4 可以。

在安全措施方面，文心一言也可能有所不同。目前尚难判断，百度是否正在为文心一言提供足够的安全防护措施。ChatGPT出现后，每家公司都急于尽快推出自己的类似解决方案，对于确保有适当的安全和道德规范措施来说，这种匆忙可不是一个好消息。

此前，百度早已发布了文心 3.0 模型（Ernie 3.0），它被认为与GPT–3 模型性能相当。2022 年，百度发布了百度文心 Ernie–ViLG 模型，它可以根据文本提示生成图像。来自中国的其他

① 2023 年 4 月 11 日，中国国家互联网信息办公室就《生成式人工智能服务管理办法》公开征求意见。征求意见稿中指出，“国家支持人工智能算法、框架等基础技术的自主创新、推广应用、国际合作”，同时对模型训练、数据及标注、产品服务、错误处理提出了要求。网址为 http://www.cac.gov.cn/2023-04/11/c_1682854275475410.htm。该暂行办法于 2023 年 8 月 15 日正式施行。——译者注

类似 ChatGPT 的模型与聊天机器人，还有复旦大学研究人员开发的 MOSS、初创公司 MiniMax 开发的 Inspo 等。

多年来，美国和中国都一直非常关注并积极参与 AI 的研发和应用，其他国家也是如此。在这种背景下，AI 对冷战和热战、世界贸易、个人自由、人权保护，以及国家或地缘政治、国际政策问题都可能产生影响。

保护人类，以防被另一群使用 AI 的人类伤害

目前，许多国家正在努力应对 AI 模型扩散带来的后果。例如，2022 年 12 月，欧盟提出了《人工智能法案》，旨在“确保在欧盟市场上发布和使用的 AI 系统是安全的，并且遵守现有的关于基本权利和欧盟价值观的法律”。① 2022 年 10 月，美国的《人工智能权利法案》有了新的草案。英国数据伦理和创新中心于 2021 年发布了一份“有效 AI 生态路线图”。2022 年，世界经济论坛发布了一组标准和指南，名为“量子计算治理原则”。

强大的生成式 AI 模型已被整合到各式各样的应用软件中。例如，ChatGPT 已经被集成到许多微软产品中，如必应搜索、办

① 2023 年 6 月 14 日，欧盟议会投票通过《人工智能法案》草案。这意味着，欧洲议会、欧盟成员国和欧盟委员会将开始“三方谈判”，以确定法案的最终条款。——译者注

公软件。通过使用 GPT-4 的 API，在任何软件都可以集成该模型。其他竞争性的模型也在快速兴起，一个示例是 Adobe 公司的 Firefly 图片处理工具，它由名为生成对抗网络的 AI 模型驱动。

了解利弊得失

到目前为止，你已经看到，你随处可以使用 AI ，它们非常多样化。AI 厂商的感受也是如此。如果它们的工作可以被窃取，仿制只需几个小时且花费微不足道，那么这些 AI 厂商还会负责任地构建和重新训练 AI 模型吗？当前，经济压力正在上升，削减成本的压力持续增加。这是否会导致与“负责任的 AI”相关的团队被率先裁掉呢？

这会将 AI 带向何处？这会将我们带向何处？

OpenAI 的 CEO 山姆·阿尔特曼也公开承认，他“对 AI 有点害怕”。他还警告称，一些研究类似于 ChatGPT 工具的 AI 开发人员可能并未设置安全限制。AI 模型失控只是时间问题。

像 GPT-4 这样的 AI 模型、ChatGPT 这样的应用程序具有庞大的规模和强大的功能，个人、公民保护机构与团体、政府机构、AI 厂商应当行动起来，加入、坚持或重新承诺进行持久努力，将 AI 置于旨在保护人类的安全护栏之内。这个安全护栏应是强大的、经过深思熟虑的。削减成本和走捷径可能带来严重的不良后果。

重视 OpenAI 的警告

在发布每个 ChatGPT 版本时，OpenAI 都给出了清晰的公开警告信息，这些警告必须引起重视。如果你还没有阅读过这些警告信息，或者你想看看这些警告信息是否有更新，请像我在图 5-1 中做的那样，让 ChatGPT 给出最新警告。

要特别注意有关隐私的警告。ChatGPT 仍处于训练状态，它从 GPT-3 到 GPT-4 的所有模型都还处在训练状态。这意味着，你提交的提示语（图像或文本）都很可能被用作训练材料。因此，以下任何一种情况都可能会发生：

- 与通常互联网产品给予个人可识别信息（PII）的保护水平相比，安全性可能较低
- 即便有隐私保护措施，但在数据多方转移后这些措施不一定依然有效
- 训练数据可能被开源、被共享
- 你的提示语可能会成为未来 AI 模型训练数据库的永久组成部分，几乎无法被彻底删除
- 在评估 ChatGPT 的性能时，OpenAI 的研究人员和 AI 训练师可能会看到你的图像和文本提示语

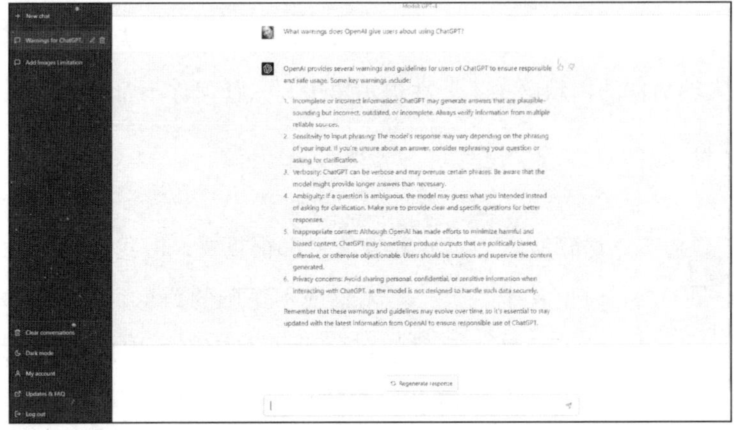

图5-1：ChatGPT 给出的使用警告信息。

图中信息：

OpenAI 为 ChatGPT 的用户提供了一些警告和指南，以确保其负责任和安全地使用。一些主要的警告包括以下内容。

- 不完整或不正确的信息：ChatGPT 可能会生成看似合理但实际上不正确、过时或不完整的答案。始终需要从多个可靠的来源核实信息
- 对输入措辞的敏感性：模型的回应可能会根据你输入措辞的不同而变化。如果你对一个答案不确定，可以考虑重新描述你的问题或要求解释
- 啰唆：ChatGPT 可能会啰唆，并可能过度使用某些短语。请注意，模型可能会提供过长的答案
- 歧义：如果一个问题含混不清，模型可能会猜测你的意图，而不是寻求解释。为了获得更好的回答，务必提供清晰、具体的问题
- 不适当的内容：尽管 OpenAI 已经努力最小化有害和有偏见的内容，但 ChatGPT 有时可能会产生具有政治偏见、冒犯性或其他不适当表达的输出。用户应谨慎并监督生成的内容
- 隐私问题：在与 ChatGPT 交互时，请避免分享私人、机密或敏感信息，因为这个模型并未设计为安全处理这类数据

请记住，这些警告和指南可能会随着时间的推移而演变，因此，始终更新 OpenAI 的最新信息，以确保负责任地使用 ChatGPT，这是非常必要的。（以上文本由 GPT-4 翻译。）

为了让你自己安心，请以以上所有情况都可能出现为前提假设来编写你的提示语（不要在提示语中写入任何你不希望泄露的内容）。

请注意

尽管所有列出的警告信息都很重要，但我这里重点讨论其中一个：不完整或不正确的信息。ChatGPT的一个缺点是，它可能被人有意用于生成极具说服力的虚假信息与宣传。我在其他章节中警告过你，但这值得再次强调：一个极其隐蔽的威胁是，ChatGPT 可能产生幻觉，生成看起来极具可信度但完全错误的回复。总之，不要相信 AI 所说的话。请仔细核查它给出的任何内容。

考虑版权和知识产权保护

OpenAI 从一开始就明确表示，ChatGPT 按你的提示语回答的任何文本都属于你。这很不错。但如果你试图对这些文本申请版权保护，独家使用它们去赚钱，那么问题就来了。

美国版权局规定，对于包含 AI 生成内容在内的作品，其中只有人类创作者创作的部分受版权保护。换言之，AI 编写的部分不受法律版权保护。如果你写了一部作品，用 AI 生成的图片来作为插图，那么你的文字受版权保护，但图片不受保护。如果你对 ChatGPT 生成的文本进行了一些修改，那么只有你写的部分受版权保护。其他部分实质上属于公有域，任何人均可使用。

不要认为这是美国的怪现象或是其对 AI 的偏见。事实上，世界知识产权组织（WIPO）报告指出，在数十年前，关于由机器生成内容的版权保护，包括西班牙和德国在内的大多数司法管辖区就做出了相同的裁决。现在它们是否会改变想法，认为 GPT 和 ChatGPT 所生成的是原创内容？这尚未可知。就当前而言，各方对此普遍表示“不太可能”。

全球出版商和版权代理都表示，他们收到了大量用 ChatGPT 生成的图书、电子书和其他内容，投稿人希望轻松赚钱。然而，几乎没有作品能通过编辑审核，即没有人能轻松挣到钱。顺便说一下，现在任何人都可以复制这些作品，因为这被认为是合理使用。

此外，ChatGPT 和其他基于 GPT 的模型（如 DALL-E 绘图模型），还可能被裁定侵犯版权。在从互联网上收集大量数据时，受版权保护的作品和其他受保护的知识产权作品可能也被加入模型的训练数据库中。这些数据收集过程可能是未付费的或未经许可的。目前，人们还在就潜在的侵权责任展开激烈的辩论。同时，由于其训练数据库中有受版权保护的作品，ChatGPT 可能偶尔会精确地复制某个措辞，也就是剽窃。这可能给毫不知情的用户带来法律责任问题。我们或许需要一场法庭诉讼来厘清所有法律细节。

请密切关注不断出现的法律责任问题、新的诉讼案件和新出现的法律规定，因为当你使用 ChatGPT 或类似的 AI 模型时，这些问题可能给你带来麻烦。

寻求可预测性

AI 模型可用可预测性进行客观评估，即它在相同或类似问题上给出正确答案的百分比。通常，AI 模型在所有问题上的可预测性评分达不到 100%，并且它在不同类型问题上的可预测性评分不同。

但是，用户很少依赖实际的可预测性评分来决定他们对 AI 的信任程度。相反，人们更倾向于依赖他们对 AI 的认知、对回答的直觉感受来判断。在本部分中，你将了解机器测试和人类感觉如何影响你使用 ChatGPT。

追求可靠性

在《GPT–4 技术报告》中，OpenAI 声称，在其内部各模型进行的对抗式事实评估中，GPT–4 比 GPT–3.5 得分高 19%。图 5–2 展示了各模型的具体得分，图中展示了 ChatGPT 的各种模型在 9 个类别中的表现。

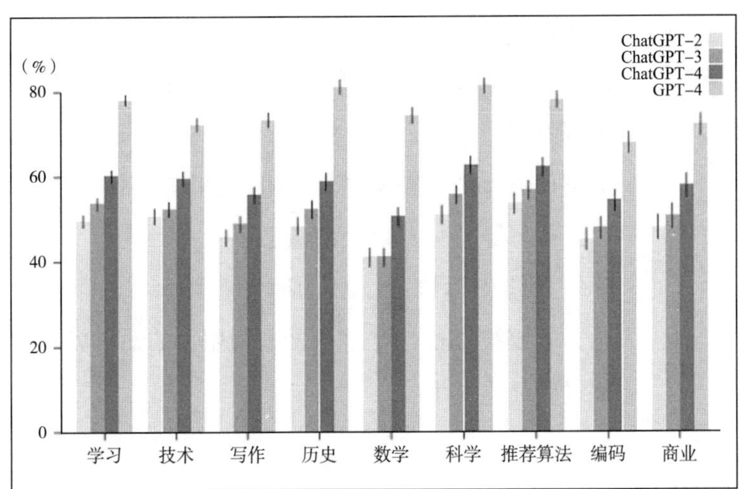

图5-2：ChatGPT在不同分类中的表现得分。纵轴为准确率，数值越高准确率越高。准确率为100%意味着模型的回答被认为与所有问题的人类理想回应完全一致。我们将GPT-4与基于GPT-3.5的ChatGPT的三个早期版本进行比较，其中，GPT-4在最新的GPT-3.5模型上提高了19%，它在所有分类中都有显著提升。

TruthfulQA 是测试模型区分事实和不正确陈述能力的一项公共基准测试，其中，GPT-4 基础模型的评分仅略高于 GPT-3.5。在采用 RLHF 微调训练后，GPT-4 模型的表现超出了 GPT-3.5。有意思的是，预训练模型（基础模型）对答案的信心通常与正确概率呈正相关，而后训练模型（经 RLHF 微调后）对答案的信心和正确概率则呈负相关。

GPT-4 和 GPT-3.5 模型都不知道其数据截止日期（2021 年 9 月）之后发生的事实和事件。这些模型也不会从经验中学习，这可能导致它们轻信提示语、发生逻辑推理错误，以及像人类一样犯各种错误。其逻辑推理中也常有偏见存在。

简言之，无论用哪个模型，ChatGPT 都存在可靠性问题。尽管随着模型升级这个问题逐渐得到改善，但仍然很严重。因此，将 ChatGPT 生成的内容用于关键任务、进行决策时，应对其进行事实核查。

你应始终告诉自己，AI 的回答有着固有的不可靠性，不要被 ChatGPT 产生的有说服力的话语影响而跳过验证这一步。

幻觉与准确性

如果你阅读关于生成式 AI 模型的文章，它们大多会提到“自信的AI”或AI模型的置信度。在机器学习中，置信度（confidence，信心），是让 AI 模型根据拥有的信息（输入或提示语）去判断它自己的回答（输出）是否正确的概率。

可从四个方面判断 AI 模型回答的置信度：可重复性（repeatability），可信度（believability），充分性（sufficiency）和适应性（adaptability）。[①]

① 可重复性，是指在相同的输入条件下，AI 模型能够产生相似或一致的回答；可信度，是指 AI 模型回答的程度让人信服，使人相信其回答是正确的；充分性，是指 AI 模型使用的信息或数据足够充分，以支持其回答的准确性；适应性，是指 AI 模型能够根据不同的情境或新的数据进行调整和改进，以提高其回答的质量和准确性。——译者注

有时，一个模型虽然置信度很高，但这并不意味着用户也对它的回答有很高的信心。ChatGPT 会自认为给了你一个正确答案，对此非常有信心，但实际上它给你的是一个明显错误的答案，也就是说它产生了幻觉。

AI 产生幻觉并非出于恶意，机器并非故意欺骗你。它只是做了计算，输出了胡言乱语，并认为自己绝对是正确的。它们所做的就像陷入邓宁 - 克鲁格效应或自大狂妄的人可能会做的那样。[①]

仿照小说《飘》中一个角色的话来说，“坦白地说，我亲爱的，它并不在乎”。在产生幻觉时，ChatGPT 及其同类对此毫不在乎。模型给出了一个它高度自信的所谓正确答案，就不再多想。也许有一天，AI 研究人员能够教 AI 模型学着谦虚一点，让它们能够检查自己的作业，并在犯错时略微感到脸红。

当 ChatGPT 产生幻觉时，它会输出一个看起来颇为可信的无意义信息。如果你毫不怀疑地接受这些信息、按这些信息行

① 邓宁 - 克鲁格效应是一种认知偏差现象，简单地说就是“无知者无畏”。它由社会心理学家大卫·邓宁和贾斯汀·克鲁格提出。它所描述的是，人们在面对自己能力不足的领域时，往往高估自己的能力和知识水平。这是因为，他们的无知和能力不足让他们无法正确评估自己的能力，也无法准确认识到自己的无知。——译者注

动，这可能对你自己或他人造成伤害。这种隐藏的不准确性，是研究人员认为某些模型不安全的原因。该模型的输出不总是对的，因此它是不安全的，你不能轻易相信它所产生的任何信息。

正如谷歌所言，机器可以学习，但如果你把知识等同于确定性，那么机器其实非常无知。在西方思维中，知识通常等于确定性。

要记住

ChatGPT 的运作方式是，它预测在你的提示语之后应该跟着哪些单词。它什么都不知道，它只是计算概率并输出最有可能的正确回答。回答可能完全是错误的！不要误解，这并不意味着 ChatGPT 是玩具，或者只能做简单计算。ChatGPT 是一个惊人的工程壮举。但是，它也是有缺陷的。

那么以上这些是否意味着，ChatGPT 或其他生成式 AI 模型毫无价值？绝对不是！尽管它的输出必须经过一致而严格的事实核查，但它仍然可以显著提高内容生产速度。你可以肯定的是，你的竞争对手也在使用 ChatGPT 或类似的工具。

小技巧

把 ChatGPT 想象成一位初级助手，你可能需要纠正它、指导它和辅导它。尽管它有不足，但这个助手能以惊人的速度给你工作所需的信息，让你更轻松、更快地完成工作。

人性化机器

ChatGPT 和各种 AI 模型的最引人注目的成就是，它非常像人类。这种发展可谓现代奇迹。

博学多才的艾伦·图灵提出了著名的“图灵测试”，他将之称作一个模仿游戏。在游戏中，机器如果能模仿人类对话，让人无法分辨出它其实是一台机器，那么这台机器就具有人类智能。他在 20 世纪 50 年代提出了“图灵测试”，在此后相当长时间里，机器都通不过这个测试。后来，有几台机器似乎在一段时间内通过了测试，但最终还是会被识破。

人们知道 ChatGPT 是 AI，但在与它交谈时往往很容易忘记这一点。从人的提示语到机器回答的整个交互都以人类自然语言进行，并以人与人对话的速度进行，这种体验与在网上和另一个人聊天的感觉非常相似。

当然，最终 ChatGPT 会犯错误，让用户想起来它其实是 AI，游戏就此结束。如图 5–3 所示，我与 ChatGPT 探讨了这个话题，它也提及这一点。

即便如此，这种最初的伪熟悉感仍会培养出信任。而信任是我们不应给予 AI 的。

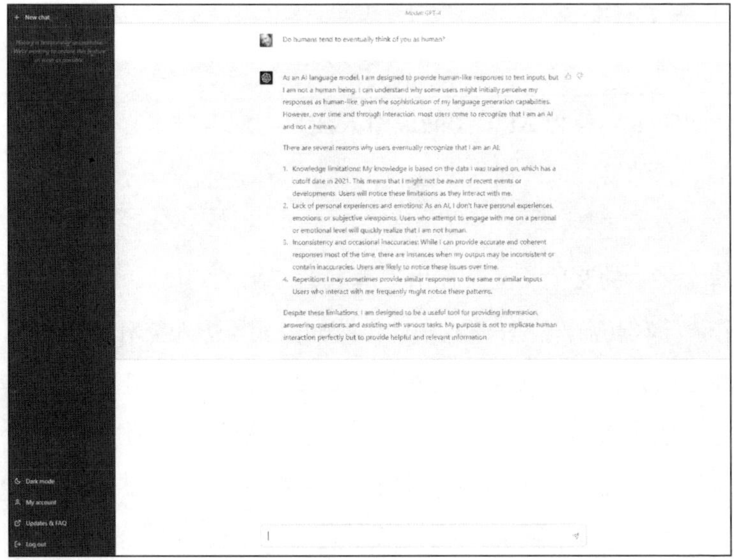

图5-3：基于GPT-4的ChatGPT Plus被问及人们是否会误认为它是人类时的回答。

图中信息：

提问：人类会认为你是人吗？

回答：作为一个 AI 语言模型，我被设计成可以像人类一样回应文字输入，但我并不是人类。我能理解为什么有些用户最初可能会将我的回答视为像人的回答，这是因为我的语言生成能力相当高。然而，通过一段时间的交互，大部分用户最终会认识到我是 AI，而不是人。

有几个原因让用户最终认识到我是 AI。

1. 知识限制：我的知识基于我接受的训练数据，这些数据只截止到 2021 年。这意味着我不了解最近的事件或新进展。用户在与我交互的过程中会注意到这些限制。
2. 缺乏个人经验和情感：作为 AI，我没有个人经验、情感或主观观点。尝试与我进行个人或情感层面交流的用户会很快意识到我并非人类。
3. 不一致和偶然的不准确：虽然我大部分时间都能提供准确和连贯的回应，

但有时我的输出可能会有不一致或包含不准确之处。用户可能会在一段时间后注意到这些问题。

4. 重复：我有时可能对同样或相似的输入提供类似的回应。经常与我交互的用户可能会注意到这些重复模式。

尽管存在这些限制，我还是一个提供信息、回答问题和协助各种任务的有用工具。我的目的不是完美地复制人类的互动，而是提供有用的和相关的信息。（以上文本由 GPT-4 翻译。）

多项研究表明，人类倾向于将机器人格化并信任它，这一缺陷一直存在。例如，卡内基梅隆大学和加州大学伯克利分校的研究人员撰写的《人类行为中的计算机》报告指出，“责任归属谬误”会导致人类依赖表现不佳的 AI。换句话说，人们往往会把错误归咎于自己，而不是 AI。另外，人们总是错误地将责任归咎于自己，这导致他们“陷入依赖表现不佳的 AI 的恶性循环”。

研究人员还发现，接受或拒绝 AI 建议的决定因素，是用户的自信程度，而不是他们对 AI 的信任程度。他们的发现表明，需要“有效地调整人类的自信程度，才能成功地利用 AI 进行辅助决策”。总之，人类需要接受培训，了解何时相信自己，何时相信 AI，而不是默认迁就 AI。

每个个体的经验也会影响他们对 AI 可信度的假设，这对 ChatGPT 这类回答像人类而且友好的 AI 来说尤其如此。那些对人际关系持愤世嫉俗和怀疑态度的人，往往对 AI 也持怀疑态度。类似地，信任他人的人往往更信任 AI。当然，在与 AI 互动之后，这两类人都可能改变自己的看法。

无论如何，请注意人类和机器的缺陷，并相应地采取行动。要注意控制你信任 ChatGPT 及其同类并与之友好交往的冲动。

正如谷歌研发者与 AI 研究计划（PAIR）撰稿人大卫·韦恩伯格所说，“对人类来说，不确定性是一种弱点，但对 AI 来说，不确定性却是它的长处，即一种强项”。请花一分钟思考一下：你是不是过度信任 ChatGPT 并据此做出各种决策？抑或你每次都会对它的输出进行事实核查？

降低风险

OpenAI 已经做出很多努力，提高 ChatGPT 与人类价值和目标的一致性［即所谓对齐（alignment）］，从而提高其安全性。他们采取的措施包括：进行对抗测试（AI 模型相互对抗）和红队测试（人类团队充当寻找漏洞的进攻者），并由人类领域专家提供反馈；改进安全模型（AI 模型的安全护栏措施）；采用模型支持的安全管道进行自动化机器学习过程以优化安全参数。

由人类专家参与对抗测试和红队测试，而不仅是把两个 AI 模型扔进一个坑里让它们不断地“斗争”，从而完善彼此，这是一个至关重要的举措。网络安全和国际安全领域的专家能找到并消除或至少遏制很多风险，这些风险包括恐怖分子使用 ChatGPT 获取制造脏弹的组装说明，获得人为制造大流行病的生物黑客配方等。我相信，你能看出为何采取严密的预防措施是必要的。

同时，在改进对特定主题的回答、限制攻击性言论、遏制固有偏见、消除宣传和虚假信息，以及防止骚乱和社会动荡等方面，邀请其他领域的专家参与也很重要。

像 ChatGPT 这样的 AI 模型可以做很多有用的事情，但是如果它被允许做坏事，它所做的对所有人来说都可能会非常糟。由人类专家来解决这些问题，帮助安装所需的安全护栏是绝对必要的。

OpenAI 还使用 RLHF 来让模型的回答更好地与用户意图相匹配。这种方法有助于提高回答的质量。即便使用 AI 的人类用户不怀好意，RLHF 也能从机器的角度消除 AI 的不安全性与不良行为。当然，这也可能会让 AI 变得过于谨慎，对于没有安全风险的问题也拒绝回答。

OpenAI 还采用基于规则的奖励模型（RBRM）为 AI 模型提供额外的奖励，避免它给出不适当的回答或变得过于谨慎。例如，当用户点击“点赞”或“踩”的按钮时，奖励方法可进一步强化哪些回答合适且令人满意，哪些回答是不合适的指标。当然对于 ChatGPT，奖励只是一个数字，并没有免费的甜甜圈或旅游度假！

另外，OpenAI 还与外部研究人员合作来提升模型的性能和安全性，并加深对各种潜在影响的理解。

即便做了以上所有一切，风险依然存在，用户也因而被建议要采取严格的预防措施。例如，绝不要假设与 ChatGPT 及其同类产品的对话是私密的。图 5–4 是 AI 模型发生这类风险漏洞的一个例子。

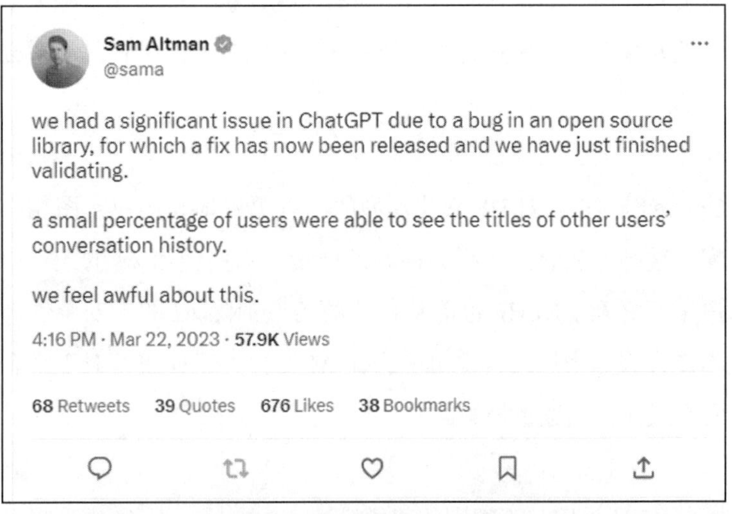

图5–4：OpenAI的CEO山姆 · 阿尔特曼的一条有关ChatGPT数据泄露的推文。他指出，由于一个软件错误，用户能够看到其他用户的历史对话记录。

发布未经编辑的 ChatGPT 生成内容的用户请注意，你可能要承担潜在的法律责任，人们已经知道 ChatGPT 及其同类产品可能有抄袭行为。无论侵权的是机器还是人，侵犯版权和知识产权都要承担责任。在公开发布内容之前，请务必仔细核查其中是否存在抄袭和诽谤等问题。

针对社区、国家和人类可能面临的巨大风险，各组织和政府机构之间的紧密合作势在必行。否则，这些快速发展的 AI 模型很快会失控，并造成巨大的伤害。

以下是应采取的措施，以降低与 ChatGPT 使用相关的风险：

» 始终对其生成的内容进行事实核查
» 进行人工审查，确保内容准确且最新
» 告知读者和审阅者你正在使用 AI，以便他们不会感到受骗
» 检查 AI 生成的内容是否符合所有法律、法规和准则
» 关注受众的反馈，如果 AI 内容出现问题，请快速做出反应
» 避免自己或与你合作的其他人过度依赖 AI。你是主导者，AI 只是帮手
» 请负责任地使用 AI。不要用它做任何不道德、不符合伦理准则或不合法的事

这些预防措施可以帮助你降低风险，避免承担法律责任。但是在高风险应用中，你还应采取更严格的措施。

第六章

深入使用 ChatGPT：专业及其他用途

本章内容

» 使用集成了 ChatGPT 的软件

» 使用 ChatGPT 进行翻译

» 在线会议中使用 ChatGPT

» 有多少行业可以使用 ChatGPT

ChatGPT 受到了大众的热烈欢迎，这标志着 AI 发展的一个重大突破。自向公众免费开放以来，它迅速成了各行各业工作者的热门工具。人们在兴奋中也有一丝不安，他们担心这个 AI 模型会取代自己的工作。但无论是出于恐惧、兴奋或两者兼有，所有人都很想知道它究竟能做些什么。

由于市场需求激增，几乎在一夜之间出现了许多基于 ChatGPT 的应用程序，还有很多仿制品和竞品。在短短一个星期里，就有 200 多个此类工具问世，而且产品发布速度一直没有放缓。当然，从一开始就很明显，OpenAI 的 ChatGPT 和其底层的 GPT 模型是这一领域的引领者。

本章将向你展示开发者如何在各个行业中广泛运用 ChatGPT，包括商业应用、消费者应用等。由于 ChatGPT 也能让编程初学者快速上手，将其专业用途和消费用途区分开是很困难的。随着时间的推移，更多的应用方式将会浮出水面，你的想象力会引领你找到新的用法。

嵌在各种软件中的 ChatGPT

让我们先看看各种软件、工具和工作应用中的 ChatGPT。其中，ChatGPT 的形式可能是扩展、插件，它也可能被整合到通用或专用的工作应用中。GPT 是生成式预训练转换器的英文首字母缩写，但有人开玩笑说，它也指“通用工具”，因为它有各式各样的通用功能。接下来，你将看到它有很多功能，也将看到它无处不在。

在商业软件中找到 ChatGPT

微软和 OpenAI 是紧密的合作伙伴，因此微软率先在自身产品中整合 ChatGPT 就不足为奇。例如，现属于微软旗下的 GitHub 推出了 AI 编程工具 GitHub Copilot X，已切换到使用 GPT–4 模型，它可谓专为程序员定制的 ChatGPT。尽管 Copilot（意为副驾驶）助手最初是用在开发者工具里，但这个想法及品牌很快被用于微软办公软件，微软在其办公套件推出 Microsoft 365 Copilot，这个 AI 助手可在 Word、Excel、PowerPoint、Outlook、Teams 等软件中使用。

用户可以发现，在日常工作中，嵌在软件工具中的 AI 是一个能力非凡的助手。它能协助我们做很多工作：编写文档、电子邮件，制作 PPT，在 Excel 中选择数据与执行公式。这能让你更轻松地使用这些软件。不管你的工作性质是什么，每个人都可以用它提高工作效率。

微软还推出了名为 Business Chat（商务聊天）的功能，利用 AI 模型让你可以在办公软件中聊天，与你的日历、电子邮件和聊天记录、文档、会议记录和联系人列表等数据对话。Business Chat 还可以为你所在公司创建一个知识模型，将数据轻松分享给公司内的其他人。这种知识模型有助于规避如下问题：当员工离职时，这些员工所了解的专业知识也从公司流失，公司也因而失去这些员工所知的客户、交易、项目状态、公司历史等关键信息。

请注意

请始终牢记关注数据隐私和安全问题。AI 模型对数据的自动处理可能会导致数据泄露，包括个人数据、专有数据，以及应被视为 PII（可识别个人信息）并加以保护的客户数据。微软的确非常重视数据隐私，但它不能保护你或你的公司免受你自己不当行为的影响。你应当制定严格的公司政策，确保员工正确地使用 AI 与数据。

微软还推出了 Dynamics 365 Copilot，将 ChatGPT 引入它的客户关系管理（CRM）和企业资源计划（ERP）软件中，让 AI 可用在销售、服务、市场营销、运营和供应链等领域。①

① 2023 年 5 月 24 日，微软宣布推出 Windows Copilot，将 AI 助手全面接入 Windows 操作系统中。——译者注

你不仅可在微软的应用程序中找到ChatGPT或类似的AI助手，还可以在很多地方找到它们。以下是使用ChatGPT的部分应用示例。

» ChatPDF：你可将PDF文件拖放到应用中，或者输入一个有PDF的网址链接，或者在自己的电脑中上传PDF。这个工具整合了ChatGPT，因此你可以用自然语言编写提示语，让它帮你进行分析、总结PDF文件，处理其中的数据。你输入的PDF可以是书籍、科学论文、演示文稿、幻灯片、文章或其他内容，但一个文档最多不能超过120页。目前，ChatPDF是免费的，而且是无广告的。请参阅图6–1了解它的功能简介，你可以访问如下网址使用这个应用：www.chatpdf.com

» Snapchat：在照片聊天工具Snapchat中，ChatGPT被称为“My AI”。它是Snapchat的一个试验产品，与在线完整版ChatGPT相比，它功能有限，能谈论的内容也更少。但它仍然是一个有趣的应用：用户可以用AI协助与同事、伙伴、朋友和家人聊天（如果你不在或太忙，它可以替你回复）；你还可以直接与My AI聊天，发出指令或获取信息

» ChatSpot：在线营销、销售和服务软件平台HubSpot中集成的ChatGPT应用。用户用自然语言说话，就可提取或修改客户关系管理文件中的信息。根据

你的提示语指示，ChatGPT 会获取数据，然后进行分析。如图 6–2 所示，就像其他软件一样，ChatGPT 实际上已成为 HubSpot 的新用户界面

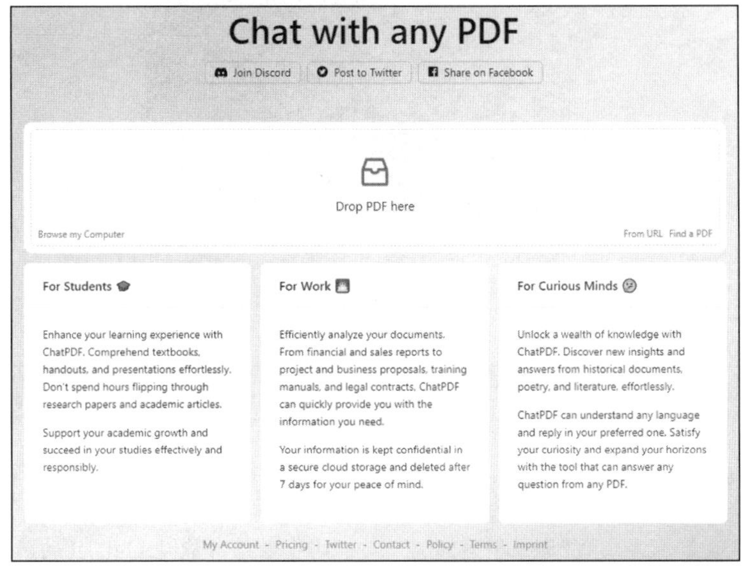

图6–1：在ChatPDF应用中输入PDF文档和提示语，用它来获取和使用其中的信息。

图中信息：

对学生而言

你可通过 ChatPDF 优化学习体验。轻松理解教科书、讲义和演示文稿，而不再需要花费数小时来翻阅研究论文和学术文章。有效并负责任地支持你的学术研究，提升你的学习效率。

对工作的人而言

高效地分析你的文档。无论是财务报告、销售报告，还是项目提案、业务建议、培训手册或法律合同，ChatPDF 都能快速为你提供所需的信息。你的数据将被加密存储在安全的云存储中，而且你可以随时删除。

对有好奇心的人而言

你可以通过 ChatPDF 解锁丰富的知识。你能轻松地从历史文献、诗歌和文学作品中发现新的见解和答案。ChatPDF 可以理解任何语言，并用你选择的语言回答。通过这个工具，你可以从所有的 PDF 中找到所有问题的答案，满足你的好奇心，拓宽你的视野。

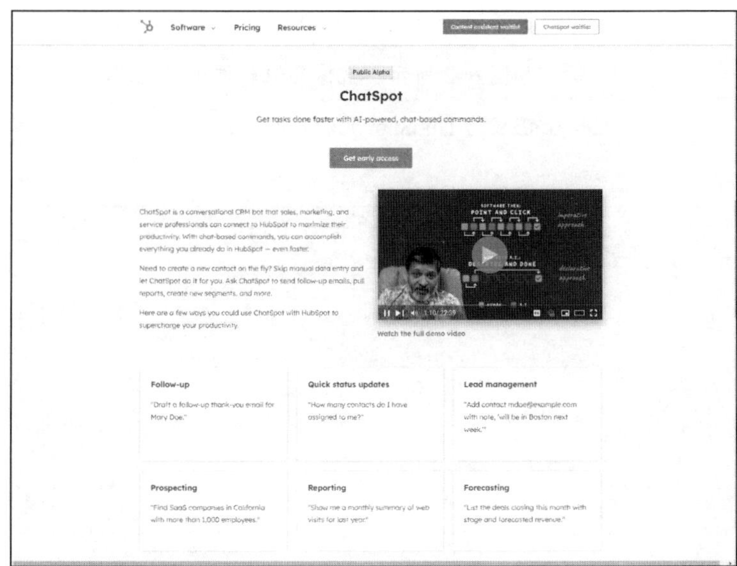

图6-2：ChatGPT 已成为 HubSpot 的新用户界面。

» Q–Chat：在线学习工具 Quizlet 中的 ChatGPT 应用。它是一个自适应的 AI 辅导老师，能从 Quizlet 的海量教育内容库中获取信息。它主要是为高中生和大学生设计的，但也适合成年人学习。从 Q–Chat 中，我们可一窥在职培训的未来。你可以在第七章中更详细地了解 ChatGPT 在教育中的应用。图 6–3 中，Q–Chat 在辅导一个学习西班牙语的学生

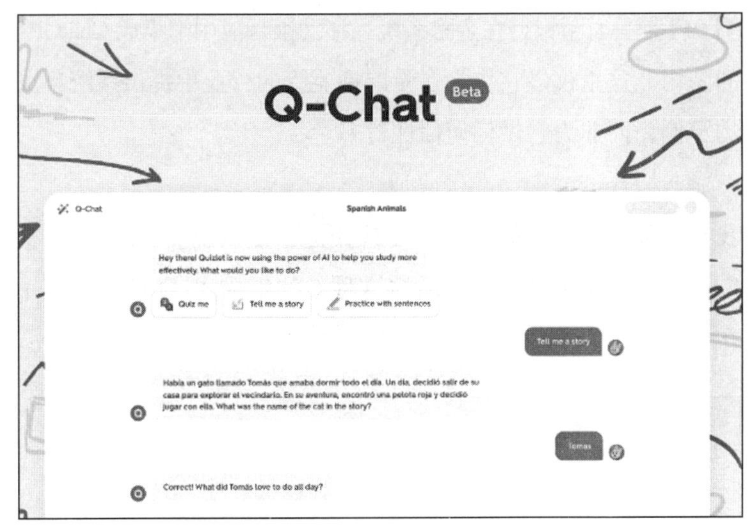

图6-3：Q-Chat 是基于 ChatGPT 和 Quizlet 海量教育内容库的 AI 辅导老师。

ChatGPT 也正在被整合到银行、金融应用和其他商业应用中。在金融科技和商业金融应用集成 ChatGPT 的常见示例包括客户支持、金融 AI 助手、投资指导、经济分析和文档自动化等。通过 OpenAI 提供的 API，可将 ChatGPT 整合到现有的银行与金融应用中，你可在如下网址查阅 API 的官方文档：https://platform.openai.com/docs/introduction。

ChatGPT 系统集成也在快速发展，客户对此有很高的期待。就像应用开发者不断推出 ChatGPT 应用一样，针对像银行等受严格监管的行业，专业从事系统集成的公司开始涌现。简言之，支持在金融、医疗保健等受严格监管的行业中应用 ChatGPT 的生态正在形成。

图 6–4 是一家帮银行在金融系统、移动银行应用中集成 ChatGPT 的公司。这里仅以它作为在受严格监管的行业中提供系统集成的示例，而非为它做任何信任背书。

我在本部分中提及的 ChatGPT 应用远不足以说明 AI 模型已被广泛采用。请继续阅读，看看这种新的生成式 AI 还可以被用在什么地方。

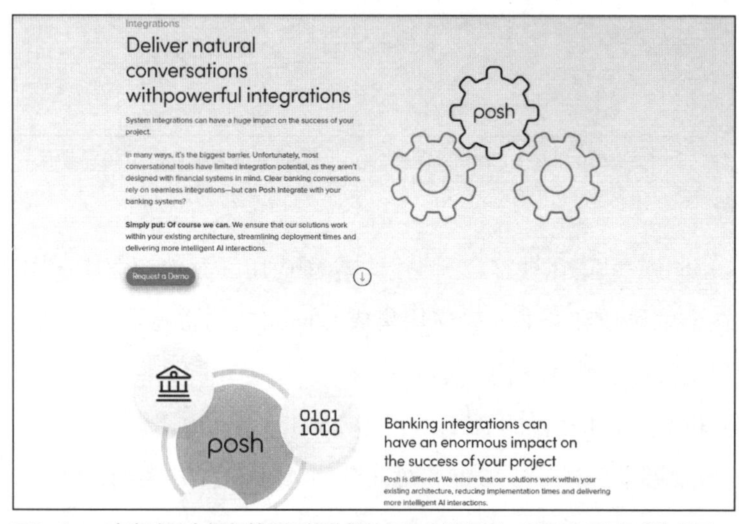

图6–4：一家专注于在银行等受严格监管的行业中进行ChatGPT系统集成的公司。

突然之间，ChatGPT 无处不在

2023 年 3 月下旬，在 GPT–4 模型公开发布 10 天后，OpenAI 推出了所谓的 ChatGPT 插件。ChatGPT 插件是一种专门设计的工具，用于让像 ChatGPT 这样的语言模型执行额外的任务，

提升自身能力。例如，使用互联网上的实时信息，执行专门的计算，或者访问第三方服务的数据等。

ChatGPT 的第一批第三方插件包括 Expedia（旅行预订）、FiscalNote（政府事务）、Instacart（超市配送）、Kayak（旅行搜索）、Klarna（分期付款）、Milo（本地商品搜索）、OpenTable（餐厅预订）、Shopify（电子商务平台）、Slack（团队沟通）、Speak（语音助手）、Wolfram（计算引擎）和 Zapier（自动化工具）。这些最初的插件都是实验性的，随着 OpenAI 向更多开发者开放插件权限，更多插件正在陆续推出。[①]

插件提升了 ChatGPT 的实用性。同时，它可将 OpenAI 的安全措施应用在这些插件上，提升 AI 应用的安全性。插件还可以被用于将 ChatGPT 与其他软件集成。它的影响是深远的，将改变应用市场。

例如，Zapier 是一款自动化工具，人们可用它将各种应用程序和服务连接，从而实现工作流程自动化。Zapier 插件让 ChatGPT 能够与超过 5 000 个应用程序进行交互，这些应用数量还在持续增加。Zapier 用户可以通过插件使用 ChatGPT 和 DALL–E，轻松地将它们与其他应用连接，完成工作。图 6–5 中的 Zapier 页面显示了与 ChatGPT、DALL–E 的连接选项，

① 2023 年 5 月中旬，ChatGPT 向所有高级版用户开放了插件权限。——译者注

连接后可与大量应用程序一起使用，实现工作流程自动化。

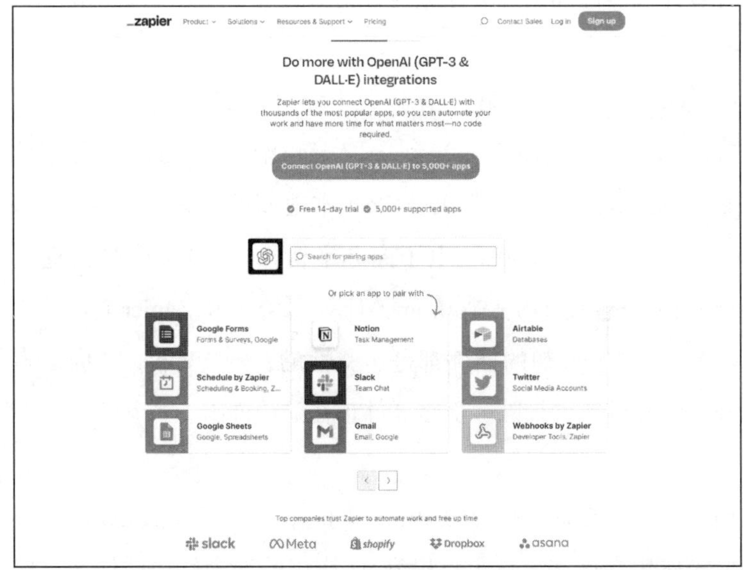

图6-5：Zapier插件让用户可以将ChatGPT、DALL-E与5 000多个应用程序连接。

又如，Wolfram 插件增强了 ChatGPT 在数学计算方面的能力。它让 ChatGPT 能够访问 Wolfram 庞大的高等数学库、各种公式列表以及相关数学信息与理论库。基于这个插件，ChatGPT 可以通过 WolframAlpha 和 Wolfram 语言实时访问知识库，这个知识库是高度精选过的。在有此插件之前，ChatGPT 甚至在简单的数学计算上表现得都常常不尽如人意。

可以说，对多数用户来说，最有用的插件是网络浏览插件。这个插件允许 AI 模型实时在互联网上进行搜索，查找资料。AI

模型甚至可以决定，是否要继续搜索更多信息。ChatGPT 的网络浏览插件如图 6-6 所示，你可以在如下网址查看：https://openai.com/blog/chatgpt-plugins。

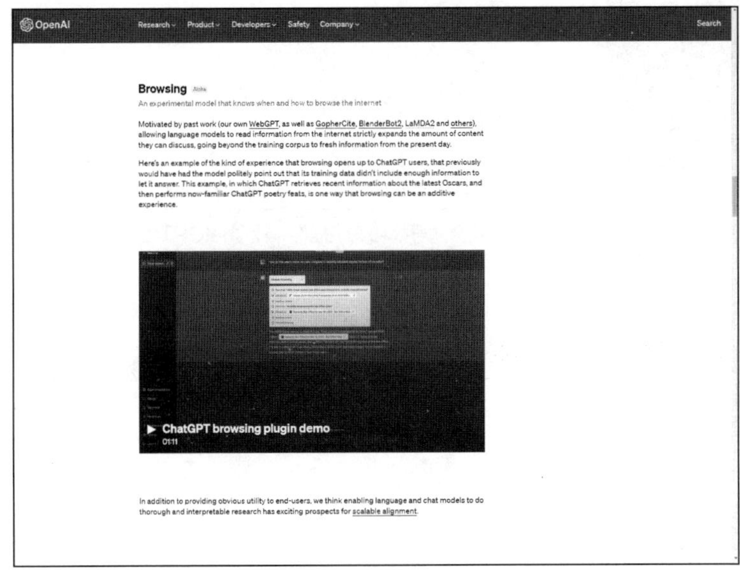

图6-6：OpenAI ChatGPT 网络浏览插件。

更多插件即将推出，它们将让 ChatGPT 能够使用训练数据集未包含的数据，比如最新的、非常见的、非公开的、专有的及高度个人化的数据。现在，你可以在 OpenAI ChatGPT 网站上和 ChatGPT Plus 用户界面的下拉菜单中找到各种插件。如图 6-7 所示，目前还出现了一个实验性的 ChatGPT 模型（Plugins Alpha 模型），它让 ChatGPT 能够自动寻找并安装它所需的任何插件，以更好地回应你的提示语。

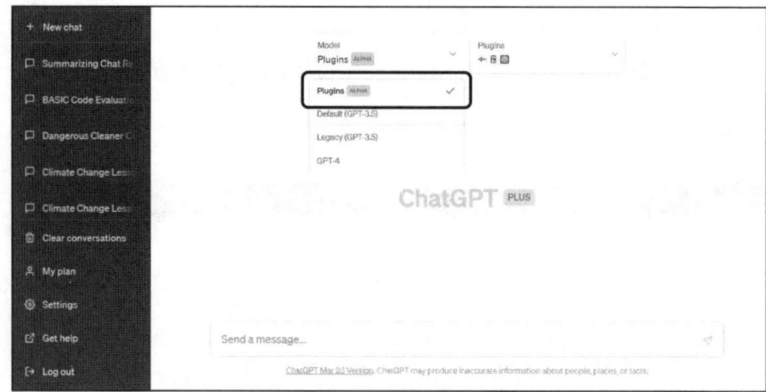

图6–7：Plugins Alpha 模型能自动寻找和安装插件，让ChatGPT生成最佳回答。

可以预计，ChatGPT 及其同类将无处不在，以各种数字形式存在。它们已经到来并必然会继续前进，AI 模型将变得越来越强、越来越好。

在线会议中使用 ChatGPT

ChatGPT 或其底层 AI 模型很快将出现在几乎所有类别的软件中，在线虚拟会议软件是重要类别之一。当微软推出其他嵌入 ChatGPT 的应用时，也推出了微软团队（Microsoft Teams）高级版。其中，AI 助手被称为 Intelligent Recap（智能回顾），这个名字很好地说明了在会议中它可发挥的作用。它能撰写会议记录，将会议对话转录成文本，编写记录以便快速查找谁说了什么、做了什么，并能自动执行一些任务与操作。

其他虚拟会议相关厂商也不甘示弱，迅速加入其中。各种带有

ChatGPT 功能的 Chrome 扩展程序应运而生。例如 Tactiq，它可用于谷歌会议（Google Meet）、微软团队和 Zoom 会议。再如 Noty.ai，它可用 ChatGPT 为谷歌会议和 Zoom 会议做摘要。

我们尚不清楚这些变化将如何影响之前那些采用 AI 技术将语音转文字的会议转录应用程序，例如 Otter.ai、Notta、Voicegain、Transkriptor，它们大多能与 Zoom 会议、谷歌会议和谷歌日历等兼容使用。

让 ChatGPT 编写摘要和翻译

ChatGPT 模型可以理解和翻译各种人类语言。然而，其语言输出可能会出错，当文本较复杂或需要翻译的两种语言之间词汇差异很大时尤其如此。在出版、广播或演讲之前，最好让人类翻译员检查 ChatGPT 的翻译结果。如果你想学习发音，练习语言技能，或者学习一门新语言，你可试试名为 Speak 的 ChatGPT 插件，它可充当你的外语辅导老师。

ChatGPT 可以理解多种计算机编程语言。在编程时，我们可用插件或编程工具中集成的功能。在后文的“用 ChatGPT 和 Copilot X 编程”中，你将看到它是如何工作的。

利用 ChatGPT 的语言能力是一个明智之举。你可以将句子或整个文件粘贴到 ChatGPT 中，要求它帮你翻译。它还可以在翻译文档后生成摘要，让你能快速阅读。如果你想要整篇文章的完整翻译，可以在提示语中提出相应的要求。

你还可以让 ChatGPT 在同一种语言中进行文本转换，比如用另一时代的词汇重写或用另一种写作风格重写。例如，你可以要求它将文本改写成任意作家的风格。想要以莎士比亚或海明威的风格重写你的草稿吗？想要以异国作家的风格和语言重写吗？想要将你的营销方案用你上司的风格重写，或者用科学家的风格重写吗？是的，它可以做到这一切。它有无穷无尽的可能性。

如图 6–8 所示，我从红龙虾餐厅发送给我的营销邮件中摘取了广告文案，让 ChatGPT 用莎士比亚的风格重写。我觉得这道菜特别美味！

在其他应用中寻找 ChatGPT

短短几周内，ChatGPT 及其底层的 AI 模型迅速成为众多应用和服务的核心组成部分，到处都能看到，多到几乎数不清。这项炙手可热的新技术不仅是一种趋势，它还正在迅速颠覆各种工作软件和流程。

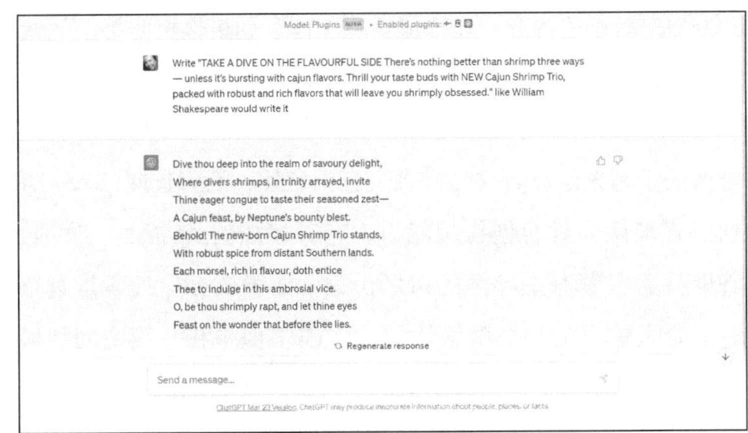

图6-8：ChatGPT模仿莎士比亚重写红龙虾餐厅的广告文案。

图中信息：

提问：像莎士比亚一样重写这段话："踏入风味之境，勇往直前。虾以三种方式呈现，无出其右——除非它迸发出卡真风味。新推出的卡真虾三味，满载浓郁而丰富的口感，让你沉迷于虾的独特魅力，嗜虾如命。"

回答：欲潜身入鲜香之境，固非躁进于心。虾三味，众食之邀，试吮其调香之妙。一沙加勒飨宴，海神垂爱之厚宴。观新生之卡真虾三味，沉香远自南国间。丰盈调料，诱我舌尖，纵情饕餮于神福间。啊！虾舞虾扬，让目眩于妙色光。（以上文本由 GPT-4 翻译。）

竞争压力让 ChatGPT 的对手在准备好前就匆忙发布了自己的 AI 模型。一个例子是谷歌发布的 ChatGPT 竞品——Bard 聊天机器人。微软宣布在必应搜索中整合 ChatGPT 之后，谷歌面临着巨大的压力。但是这种急于求成的做法适得其反。在发布会演示中，Bard 犯了一个错误，对一个问题给出了明显错误的答案。这导致谷歌的母公司 Alphabet 市值一天之内下跌达

1 000 亿美元。[①]

Bard 和 ChatGPT 都在不断完善，但在最初的较量中 ChatGPT 显然处于领先地位。这让许多人感到意外，因为长期以来，谷歌一直被认为具有创新超能力，有着超强的 AI 能力。同时，谷歌搜索引擎有主导性的市场份额，而微软必应搜索远远落后。令人惊讶的是，微软凭借 ChatGPT 似乎在一夜之间扭转了局面。这给我们的经验教训是，ChatGPT 及其同类产品可能极大地影响企业的市场竞争优势，善加利用则能大幅增强，反之则极度削弱。

值得称赞的是，微软始终在快速前进，在构建专用超级计算机让 OpenAI 能构建和训练其生成性 AI 模型后它并没有停下来，在率先推出整合 ChatGPT 的产品后也没有停息。

之前微软已允许其办公软件用户使用由第三方开发的 Ghostwriter 扩展应用。Ghostwriter 是 Excel、Word、PowerPoint 和 Outlook 中可用的写作助手，采用了 ChatGPT 技术。如图 6–9 所示，你可在微软 AppSource 应用商店找到它：https://appsource.microsoft.com/en–us/。

---

① 2023 年 5 月 10 日，谷歌发布新的 AI 模型 PaLM 2，新的 Bard 基于此模型，性能大幅提升，达到了与 ChatGPT 接近的水平。——译者注

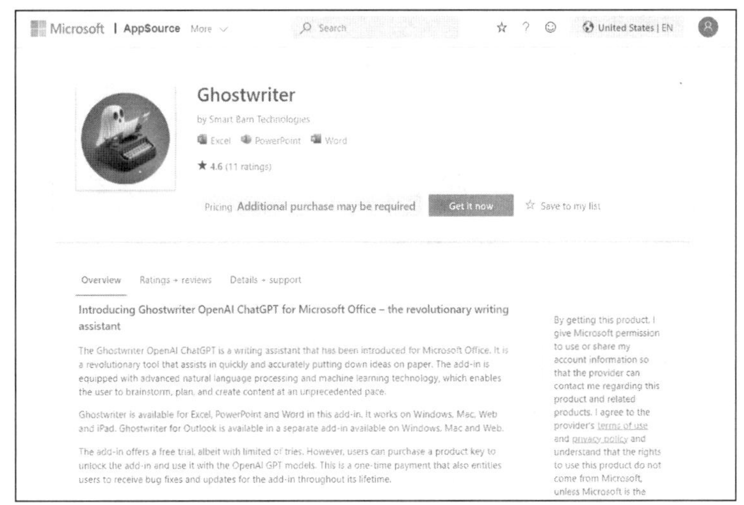

图6-9：可用于 Excel、Word、PowerPoint 和 Outlook 的 Ghostwriter 扩展应用，由 Smart Barn 技术公司开发。

微软应用商店还有很多其他开发者推出的基于 ChatGPT 的应用程序，如图 6-10 所示。其他科技巨头运营的应用商店也有很多基于 ChatGPT 的应用程序。因此，认为只有科技巨头才能在产品中集成 ChatGPT、扩展其用途的观点是错的。

各行各业的开发者和公司都在努力开发基于 ChatGPT 的新应用程序。请定期查看各应用商店和其他信息来源，发现利用这项技术的各种新应用。

任何 ChatGPT 的应用都可能是假的，或者其中带有恶意软件。请尽量使用由 OpenAI、谷歌、微软、苹果或其他知名公司开发或认可的应用。

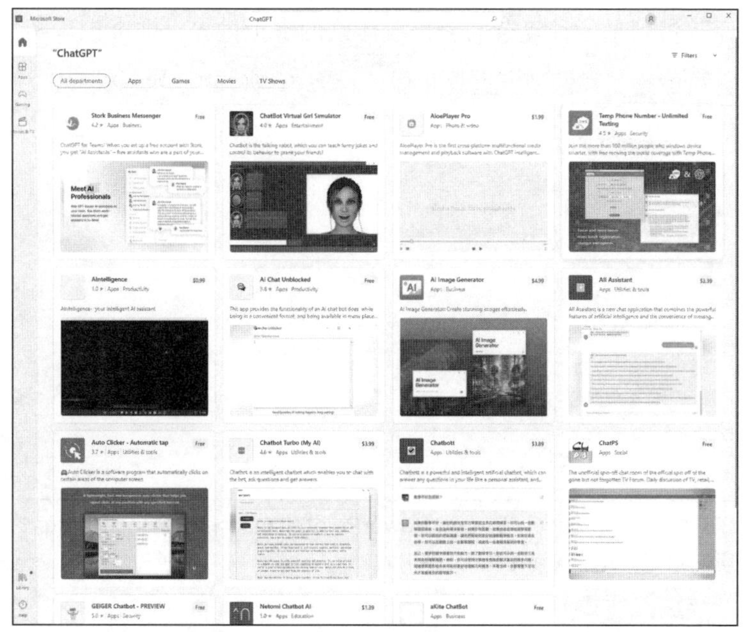

图6-10：微软应用商店中基于 ChatGPT 的应用。

在 AR、VR 和元宇宙中看 ChatGPT

各个领域的创意人士都迅速利用 ChatGPT 进行创新工作。虚拟现实（VR）、增强现实（AR）以及元宇宙设计师也在此列。

增强现实应用，是将文本、图像和音频融合呈现在现实世界的视图上。在智能手机、平板电脑或智能眼镜等设备的屏幕上，我们可以观看这种真实与虚拟的融合。开发者正在使用 ChatGPT 快速且低成本地创建内容，如文本、游戏和动画卡通人物等，再将它们融合于真实场景。

元宇宙则是一种复杂的、自成体系的虚拟世界，即虚拟现实。它可能是与我们现实世界相似的镜像，也可能是异想世界。它的设计仅受限于人类的想象力。元宇宙中使用的数据通常是一个受控的独立数据库。这种环境非常适合像 ChatGPT 这样的 AI 模型，因为其中清晰地定义了模型的各种角色，它们所在的每个场景都是被限定且精确定义的。此外，这些角色所引用的对话数据也是有限的，因此出问题的可能性相对较小。

元宇宙设计师已经在利用 ChatGPT 为虚拟形象注入生命。一个有意思的应用是制作模仿用户去世亲人的虚拟角色，这些虚拟角色是由 ChatGPT 驱动的。也许，这种应用程序可以为悲痛中的人或想保持对他们所爱之人记忆的用户带来慰藉。

前身为脸书的 Meta 公司热衷于元宇宙。目前，它也推出了自己的大语言模型 LLaMA，其最大的模型拥有 650 亿个参数。在发布一周后，该模型的参数被泄露在 4chan 论坛里。LLaMA 不是一个聊天机器人，而是一个供研究人员使用的开源模型。

有一点让人担忧。LLaMA 参数在 4chan 上泄露后，很多网络安全专家担心坏人可能利用它做坏事：创建更复杂的垃圾邮件，进行网络钓鱼，在现实世界及元宇宙中对毫无戒备的人进行攻击。这种担忧最终可能成为现实，但坏人要实现这一点还需要在技术上付出很多努力，因为目前的 LLaMA 尚处于基础的、未经优化的状态，距离能用于这些操作还有很长的路要走。

请注意

无论如何，要注意潜在的威胁并谨慎行事。你应注意的是，浏览器中冒充 ChatGPT 的插件更容易欺骗你，这比用 AI 聊天机器人来愚弄你要容易得多。要小心那些假冒插件。

在搜索引擎中发现 ChatGPT

对 ChatGPT 及其类似产品来说，除了它们自己的网页，它们还首先出现在搜索引擎里。第一种集成 ChatGPT 的搜索引擎是微软必应。你可以在浏览器上打开必应主页（www.bing.com）访问它，如图 6–11 所示。

另一种访问必应中 ChatGPT 的方法是点击微软 Edge 浏览器右上角的图标，进入 Edge Copilot。

在谷歌搜索里，你可以使用聊天机器人 Bard，它相当于谷歌版的 ChatGPT（见图 6–12）。要访问 Bard，请用谷歌浏览器或其他浏览器访问：https://bard.google.com。据称，谷歌正在开发一个基于 AI 的新搜索引擎 Magi，以与必应和 ChatGPT 竞争。同时，谷歌还在努力优化 Bard。

图6-11：必应搜索和其中的ChatGPT，也通常被称为新必应（New Bing）。

在 Firefox 浏览器中，你可以下载安装 ChatGPT for Google 插件，它能在谷歌搜索引擎结果列表旁边同步显示 ChatGPT 的回复，如图 6–13 所示。当然，你也可以在 Chrome 浏览器中使用。你可以在如下网址找到这个插件：https://addons.mozilla.org/en–US/firefox/addon/chatgpt–for–google/。

以上讨论已包含三款最常用的浏览器。当然，考虑到 ChatGPT 正以惊人的速度发展，我们可以肯定的是，所有浏览器最终都会以某种方式让你可以直接使用 ChatGPT 的功能。

图6-12：谷歌 Chrome 浏览器中的Bard。

请注意

为避免恶意软件的风险，通常较安全的做法是使用带有 ChatGPT 或类似功能（如 Bard）的搜索引擎，而不是下载插件。当然，安全是相对的，生成式 AI 还有提示语注入（prompt injections）等独特的安全威胁需要注意。在下载扩展、插件或其他应用程序时，一定要保持谨慎。[①]

① 提示语注入是指，攻击者可能试图通过提供带有恶意内容的提示语来影响 AI 的输出，或者用某些提示语绕过安全护栏措施让 AI 生成有害的内容。——译者注

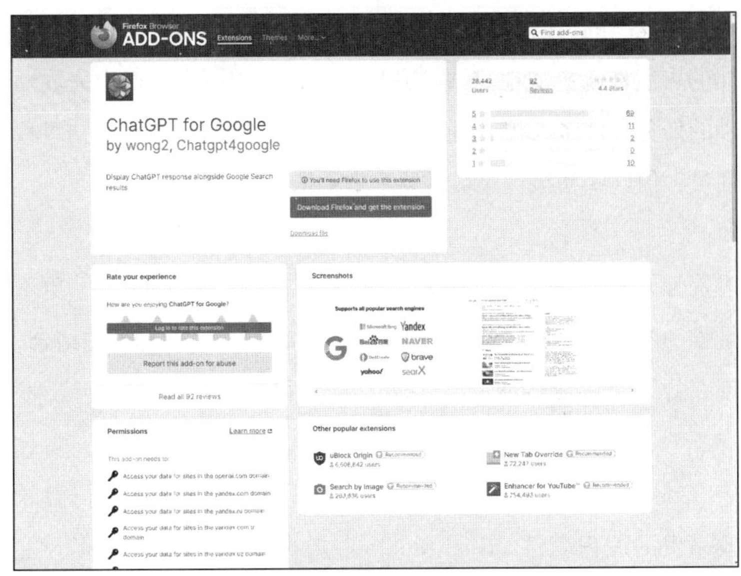

图6-13：在Firefox浏览器中使用 ChatGPT for Google 插件。

用 ChatGPT 和 Copilot X 编程①

报告显示，ChatGPT 可以帮助开发者完成约 75% 的工作。这样，开发者可以专注于编程工作的更复杂部分，当然，他们也要在将 AI 生成的代码部署到生产环境前对其进行审查。

并非所有开发者都对 ChatGPT 的普及尤其是将它用于编程表示认同。在很大程度上，他们的不信任和批评是有道理的。但是，

① GitHub Copilot X 是现属于微软旗下的代码托管平台 GitHub 推出的 AI 辅助编程工具。网址为 https://github.com/features/preview/copilot-x。——译者注

对于喜欢新的 AI 辅助编程工具的开发者来说，他们热情拥抱这样的可能性：更快地完成从开发到上线，用更少的努力完成烦琐的任务。许多人将 AI 辅助编程工具视为热情且多产的初级程序员，但这些初级程序员需要手把手指示、监督与指导。

对资深开发者来说，ChatGPT 并非第一个编程辅助工具，更不是唯一的。许多开发者喜欢 VS Code 和 GitHub Copilot 的组合，现在升级到 Copilot X 后，它的功能变得更加强大。

VS Code 是一款免费的源代码编辑器（注意不要将它与微软较昂贵的编程套件 Visual Studio 混淆）。VS Code 可用于开发和调试 Web 应用和云应用，你可以在如下网址下载：https://github.com/microsoft/vscode。

微软还开发了 GitHub Copilot 的 VS Code 扩展程序。它的功能类似于自动文本补全，当你编程时，它会给出代码建议。若想安装这个扩展程序，请访问 https://marketplace.visualstudio.com/items?itemName=GitHub.copilot。

在你的屏幕上，Copilot 的代码建议会以灰色文字显示。你可以按 Tab 键接受它的建议。然后，按 Enter 键移动到下一行，通常，它将继续建议下一行代码，直到你编写完一个程序。但是，它经常会出现编码错误。开发人员必须仔细审阅它建议的代码，并根据需要对之进行编辑。尽管有这样那样的问题，没有编码经验或只有少量编码经验的人也能用它编写简单的程序，这让人感到惊讶。

微软还将 GPT–4 添加到 GitHub Copilot 中，对其进行升级并重命名为 Copilot X，它还引入了聊天和语音功能。开发者很开心地看到很多新增加的功能，包括：向代码库发起合并请求（pull request），编码时调出语法帮助，在命令行上执行代码，要求它解释代码，为代码生成完整文档。图 6–14 为 Copilot X 的界面，注意左上角名为 monalisa 的用户提示语（提示语为“为选中的代码编写单元测试”）。

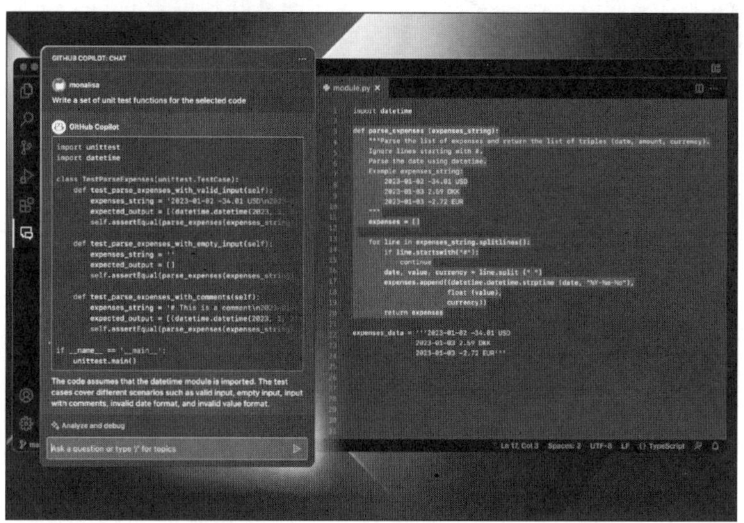

图6–14：GitHub Copilot X 使用 ChatGPT 来辅助编程。

这些工具不是万灵药，也不能取代人类程序员。然而，它们的确是开发者工具巨大飞跃的标志。

在市场营销中使用 ChatGPT

在市场营销中，ChatGPT 最常见的用法是内容创作和获取潜在客户。其他用途包括情感分析、广告活动分析、A/B 测试、个性化的产品和内容推荐、社交媒体管理等。

多年来，已有多种工具可用来协助或自动化完成这些任务，其中许多工具表现出色。不过，作为一种出色且易于使用的内容生成器，ChatGPT 是独一无二的。它还提供了许多新功能：统一处理营销任务并确保信息传达的一致性，用先进方法实现个性化营销如电子邮件营销，根据客户的喜好和过去的购买行为推荐产品与服务。

客户服务是 ChatGPT 擅长的另一个领域，对电子商务网站来说尤为如此。比如，它可用于客户自助服务、FAQs（经常被提出的问题）、生成内容和教程。它还擅长用多种语言提供客户支持服务。

在 HR 部门应用 ChatGPT

ChatGPT 可帮助 HR（人力资源）部门在招聘时对候选人进行排序和筛选，而不是像过去那样仅依赖 SEO 与关键词。ChatGPT 可以根据候选人简历和其他数据进行分析和总结，看其是否符合招聘资格，将这些信息与职位描述和职位要求进行比较，得到更匹配的候选人列表。

ChatGPT 还可以在很多其他方面为 HR 部门提供协助。在这些方面，更富有人性化的交流效果更好，自然语言沟通更高效，例如员工入职、培训、设备分发、安全筛查、软件访问权限分发、提升员工敬业度、休假安排、合规管理和绩效管理等。

在法律领域应用 ChatGPT

法律专业人士可以利用 ChatGPT 快速撰写和编辑几乎所有类型的法律文件，编写文档摘要以便快速审查，分析和标记法律文件中的异常条款。这将为快速编写法律文件，达成协议提供极大的帮助。当然，在将 ChatGPT 生成的任何内容作为正式法律文本及执行之前，律师应仔细审核。

ChatGPT 还可以翻译晦涩的法律语言，发现法律文档、沟通中的有意误导。例如，普通人可以使用 ChatGPT 从比如租赁协议、在线服务条款、购买协议和服务等级协议等法律文件中生成书面或口头摘要。在此过程中，ChatGPT 实际将成为法律专业人士的对手。

ChatGPT 对法律界的另一个有用之处是它可用于证据发现。AI 模型可以轻松地对以下内容进行分类或总结：

- 通话记录
- 手机运营商记录
- 工作记录
- 拜访记录
- 学校记录
- 电子邮件、聊天记录和短信
- 社交媒体帖子和图片
- 日历数据
- 关系数据
- 情感分析
- 文件和档案
- 犯罪现场、事故现场的图像和测量数据
- 应急医疗和医疗保健数据
- 其他可被用于案件的证据内容

以前，律师依靠秘书来打印文档与信函，后来他们靠模板和计算机程序完成这些工作。ChatGPT 让这个替代循环进展到新的阶段，它可以成为律师的数字助手，并以惊人的速度自动处理这些任务，提交给律师审核。

ChatGPT 能在法律领域为以下任务提供协助：

- 法律研究
- 合同审查

» 合规性和监管分析

» 电子化的证据发现

» 文件生成

未来，你还可能看到 ChatGPT 和 GPT 模型在法律领域的其他应用，比如为法官提供协助、为执法部门提供嫌疑人的全面信息等。但应再次强调，ChatGPT 只是一个助手或工具，它无法替代大部分法律专业人士的工作。

在新闻报道中应用 ChatGPT：故事讲述

目前，ChatGPT 有了插件后，能访问实时和最新的数据。因此，它可以为媒体机构生成各种新闻报道，包括关于突发新闻和时事的简短报道、深度分析的长篇文章。

但是，除了相对简单的事实报道，ChatGPT 并不能替代记者。当然，我们知道它有局限性与不足之处，偶尔产生幻觉，但它不能替代记者的原因其实更简单。

ChatGPT 无法确切预测未来事件。当数据和证据没有数字化，或者被故意掩盖、错误标记时，它也就无法看到并进行分析。发现工作必须由人类记者完成，他们知道在哪里寻找证据，如何与可能不友好、不合作的对象达成有成效的采访目标。人类记者也知道如何察觉摄像机外的体态语言所暗示的可疑行为，或者从其他蛛丝马迹中发现事情哪里可能不对劲。

ChatGPT 可以分析一个提示语，并预测与之匹配的下一个词是什么。但是，只有人类记者才能调查在真实世界中刚刚发生的事件，此时这个事件还没有以数字信息形式被记录下来。实际上，互联网上的很多数据都是以媒体报道或新闻报道的形式存在的。互联网不能无中生有地获取信息，ChatGPT 也是如此。

ChatGPT 或许可用于播报天气预报和报道体育比分。但是，它无法调查 2021 年 1 月 6 日发生的美国国会袭击，不能查证自然灾害后的直接损失，也无法在缺乏数据或数据被错误标记、隐匿的情况下发现犯罪行为。对于人类记者来说这些也很困难，但他们比 AI 模型更有能力找到答案，然后将之负责任地记录与讲述出来。

此外，考虑到 AI 会产生幻觉，从而散播错误信息、虚假信息、阴谋论并带来风险，如果不是在严密且持续的监督下使用，新闻媒体用 ChatGPT 对任何事情进行报道都是不负责任的。CNET 测试用 ChatGPT 编写经济报道时就发现了这个问题，文中有多个错误。误用 ChatGPT 很容易毁掉新闻媒体的信誉。

然而，ChatGPT 对记者来说仍然是一个有用的工具。数据新闻即数据驱动的报道，可用于调查新闻报道、生活方式信息等。媒体机构多年来一直想做数据新闻，不少媒体机构做得不错。

然而，大多数记者宁愿关注事件而不是挖掘数据。现在，记者可用 ChatGPT 进行数据分析和在线研究，从而大大简化了这项任务。它的输出所需时间远少于记者亲自做这些枯燥的基础工作所需时间。但要再次强调，对 ChatGPT 输出的内容必须进行仔细的事实核查。

ChatGPT 还可以帮助新闻媒体创建季节性的常规内容、长期有效的内容、热门内容梳理或制作其他定制内容。在这些领域，数据很丰富，内容不会太有争议性，制作时间也不会很仓促，因而很适合使用 ChatGPT。在新闻这个文字和事实都很重要的严谨领域，记者将可找到更多创新的方式将 ChatGPT 变成自己的高效工具。

在医疗保健中应用 ChatGPT

医疗保健领域的应用案例还在不断涌现并快速发展，全球范围内已经有一些正在进行的项目。

在医学研究中，ChatGPT 能够分析并快速总结来自患者病历、医学研究、医学影像以及其他临床和研究来源的大量数据。这种能力能帮研究人员和临床医生节省时间，让他们迅速获得所需信息，为病人提供高质量治疗。

ChatGPT 还可以管理患者的电子病历（EMR）与医生的笔记。

类似于保险公司提供的保险护士电话，由 ChatGPT 驱动的远程医疗自助服务也是可行的。患者可以告诉聊天机器人他们的症状，然后 AI 模型可评估他们所需的护理级别，并在自我护理时为患者提供指导。

ChatGPT 还可以用于患者教育。例如，生成信息丰富的内容材料，回答患者的疑问。

在金融领域应用 ChatGPT

银行和金融机构在考虑使用 ChatGPT 时，它们最初考虑的应用主要是客户服务和欺诈检测。金融领域的其他使用场景还包括：风险管理、投资分析、合规和监管，以及更便于用户操作的应用界面等。

金融业是采用新技术最谨慎的行业之一，对于 ChatGPT 和其他生成式 AI 模型等技术也是如此。这是合理的，因为在这个领域如果应用 ChatGPT 后发生错误，则机构或个人都可能遭受巨额损失。

第七章

在教育中使用 ChatGPT

本章内容

- 开发新的教育 AI 助手
- 了解批判性思维策略
- 用 ChatGPT 实现个性化学习
- 为何学校不应禁止使用 ChatGPT

ChatGPT 一出现，学生就开始用它来协助做家庭作业。当然，不少学生不是用它来协助完成作业，而是直接用它替自己做作业。教师对此忧心忡忡。随后，教师和家长开始担心，ChatGPT 会被用于作弊，让学生失去培养批判性思维能力的机会。但是，他们的担心只有部分是对的。

想作弊的学生总是会找机会作弊，教师必须努力抓住他们。要抓住作弊的学生并不容易，因为很难把 ChatGPT 生成的文本与人类的写作完全区分开。但其实教师在抓作弊的学生方面非常有经验。多年来，他们一直在查收小抄，禁止课堂和考试中用计算器，打击替考现象，查找抄袭行为，抓住那些不守纪律、不遵守道德规范的人。因此，从这个角度来看，ChatGPT 并没有带来什么新问题。

事实上，抓住使用 ChatGPT 作弊的学生可能比抓住用其他传统方式作弊的学生更容易。例如，除非你看到他们在用计算器，否则你没法说他们用计算器作弊，看到一个正确答案无法帮你判断学生是否用了计算器。

相比而言，ChatGPT 可能会提供许多错误答案，让教师轻松抓住作弊的人。此外，ChatGPT 产生幻觉时往往也有说服力，除非学生已经知道正确答案或知道核查答案，否则他们可能根本不会发现答案是错误的。这样作弊被抓住有点滑稽，但学生应该也能从教训中学到点什么。

ChatGPT 还有一种倾向，即它的回答会不断重复某些短语。这让抓作弊的人变得容易，因为软件和教师可以轻松地发现某个学生作业中的重复短语，或者多个学生作业中的重复短语。

未来，教师将能够直接问 AI 模型，在答卷或作业中是否有作弊行为，它能发现作弊并给出证据。想象一下，用扫描仪或手机摄像头将作业输入 AI 模型中。几分钟后，AI 模型可以批改作业，找出每个学生在作业中遇到的问题，提供个性化建议，并揪出作弊者。

在这一章中，我没有讨论利用 ChatGPT 作弊带来的问题，因为这个问题迟早会解决。这一章关注的是，教师如何利用 ChatGPT 为学生提供更个性化的支持和指导，从而更好地教育学生。

将批判性思维转换为新学习模式

如前所述，有人担心，使用 AI 的学生会错失培养批判性思维能力的机会。我们可以通过转换教学模式规避这个问题。

通常情况下，教师会传授信息，然后对学生进行测试。而使用 ChatGPT 时，学生必须先提出正确的问题才能解锁信息，与传统基于批判性思维的教学和测试过程正好相反。

ChatGPT 的输出质量取决于人类输入的质量。学生只有仔细思考并批判性地设计他们的问题或命令，才能让 AI 提供他们所需要的答案。教会学生如何思考并提出问题，是有效培养学生批判性思维能力的方式。

请比较以下两个例子。图 7–1 显示了一个简单的提示语和 ChatGPT 的回应。

图 7–2 则给出了一个更有策略性的经过思考的提示语，从而引出了一个更复杂也更有用的回答。

这个比较说明，为什么掌握批判性思维能让你在使用 ChatGPT 时更有优势。

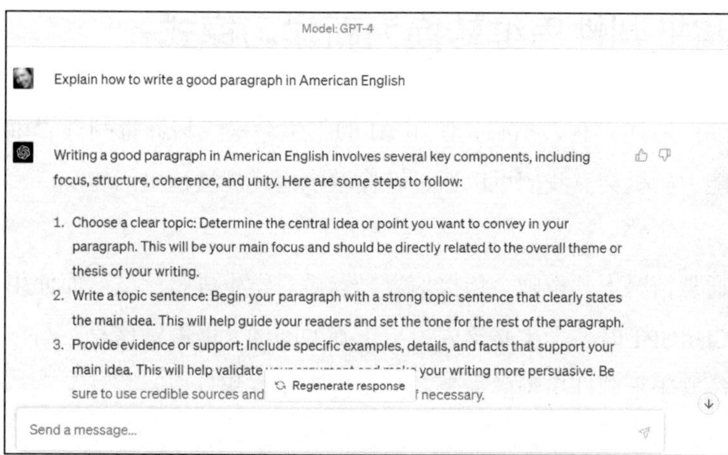

图7-1：这里的提示语是一个简单的查询，ChatGPT因而给出了一个常规的答案。

图中信息：

提问：在美式英语中，如何写好一段文字？

回答：在美式英语中，写好一段文字包括几个关键部分：焦点、结构、连贯性和统一性。以下是一些步骤。

1. 选择清晰的主题：确定你想在段落中传达的中心思想或观点。这将是你的主要焦点，并且应直接与你写作的整体主题或论点相关。
2. 写一个主题句：以一个强烈的主题句作为开头，明确陈述主要想法。这将引导你的读者并为段落的其余部分定调。
3. 提供证据：包括具体的例子、细节和事实来支持你的主要观点。这将确保你的写作是具有说服力的。确保使用可靠的信息来源，并在必要时进行引用。（以上文本由GPT-4翻译。）

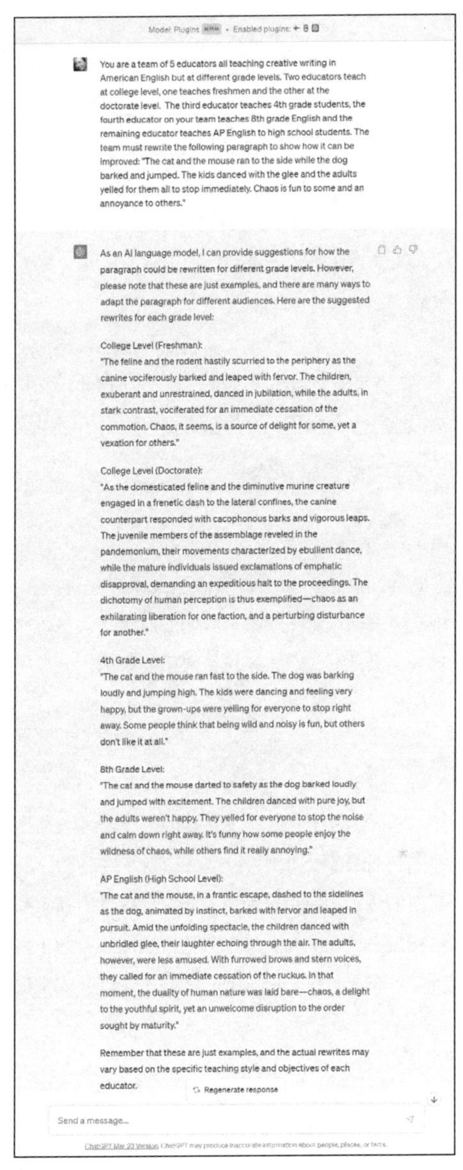

图7-2：这个提示语采用了更有策略性的提问方式，要求ChatGPT基于不同的年级和技能水平提供多个答案。

图中信息：

提问：你是一个由5名教师组成的团队，所有人都在教美式英语的创意写作，但面对的是不同水平的学生。其中两名老师在大学教学：第一位教大一新生；第二位教博士研究生；第三位教四年级学生；第四位教八年级学生；第五位面向高中生教授高中阶段英语。请你的团队每个人都重写下面的段落，展示如何改进它："猫和老鼠向一边跑去，而狗则叫并跳跃。孩子们欢快地跳舞，而成年人则大声要求他们立即停下。混乱对一些人来说很有趣，对其他人来说则是烦恼。"

回答：作为一个AI语言模型，我可以提供如何为不同年级水平重写段落的建议。但请注意，这些只是示例，有许多方法可以为不同的读者群体调整段落。以下是针对每个年级水平的重写建议。

大学水平（大一）：
"猫和老鼠迅速地奔向周边，而犬则热情地大声叫并跳跃。孩子们兴高采烈，无拘无束地欢舞，而成年人则形成鲜明的对比，大声要求他们立即停止这种混乱。看起来，混乱对一些人来说是快乐的来源，但对其他人来说却是困扰。"

大学水平（博士研究生）：
"家养的猫和小巧的鼠类动物忙乱地向侧面边界冲去，而犬类的对应动物则以喧嚣的吠声和有力的跳跃做出回应。聚集的年轻成员沉醉于这场混乱中，他们的动作以欢快的舞蹈为特点，而成熟的个体则发出强烈的反对声，要求他们立即停止这场混乱。人类对此的二分法观点因此得到了体现——对一部分人来说，混乱是一种令人振奋的解放；而对另一部分人来说，它是一种烦人的干扰。"

四年级水平：
"猫和老鼠快速地跑向一侧。狗大声地叫，高高跳跃。孩子们跳舞，感到非常开心，但是大人们大喊着让所有人立即停下。有些人认为放肆和吵闹很有趣，但另一些人一点也不喜欢。"

八年级水平：

"在狗大声叫和兴奋跳跃的时候，猫和老鼠则向安全的地方疾跑。孩子们在纯真的欢乐中跳舞，但是成年人并不开心，他们大喊着让所有人立即停止噪声并安静下来。有趣的是，有些人享受混乱的狂野，而另一些人觉得它真的很烦人。"

高中阶段英语：

"在狗出于本能的热情大叫和追逐的时候，猫和老鼠在一种狂热的逃亡中向场边疾跑。在这一场景的展开中，孩子们欢欣鼓舞地跳舞，他们的笑声回荡在空中。然而，成年人并不觉得这有趣。他们眉头紧锁，语气严厉，要求立即停止这场吵闹。在那一刻，人性的二元性被赤裸裸地展现出来——混乱，对年轻的精神来说是一种喜悦，但对追求秩序的成熟来说是一种不受欢迎的干扰。"

请记住，以上只是示例，实际的重写可能会根据每位老师的具体教学风格和目标有所不同。（以上文本由 GPT-4 翻译。）

提示语对于运用 ChatGPT 和其他 AI 模型至关重要，因此，在 AI 领域中，提示工程是一项关键技能。教学生掌握批判性思维技能，将之用于编写提示语，这将确保他们拥有必备的工作技能和光明的就业前景。现在，公司愿意为高水平的提示工程师支付高薪，短期内应该都是这样的。当然，最终 AI 模型会逐渐发展到这样的程度：即使提示语的质量很差，它也会更好地猜测用户的意图。新兴的 AI 模型 AutoGPT 已经能够根据用户的简单建议制作自己的提示语。这种改进将能让更多人享受 AI 的优点，但是，这并不意味着不再需要创造性和批判性思维。在 AI 时代，能够娴熟运用这些工具的人将会取得成功。

因此，教师应该教会学生掌握批判性思维技能和提示工程等优秀工作技能。当然，教师自己也应该精通这些技能。

利用 ChatGPT 帮助工作繁重的教师

教师往往工作负荷很重，但却常常得不到应有的认可。ChatGPT 可以帮助缓解他们的部分工作压力。例如，它可以对作业进行评分，而且做出的分析比教师花时间做的还要深入。它可以进行评分，同时给出建议，指出每个学生的问题所在，帮教师设计如何进行个性化的教学或个别指导以帮助这些学生。

ChatGPT 可以在数分钟内完成所有这些工作。在学生提交作业，完成测验和项目报告后，可以立即进行评分。在下班前，教师和助理就可以使用 AI 完成整个班级的评分。

ChatGPT 可以帮忙快速制订或调整教学计划，还可以帮助教师做很多其他工作，包括用品订购、完成学校管理者要求的任务等。图 7–3 是用 ChatGPT 编写课程计划的示例。ChatGPT 的回答可以做到非常长且详尽，当然如果需要，教师可以在提示语中要求 ChatGPT 简短回答。

教师应该对此感到非常高兴，因为他们可以在保证教学质量的同时有更多私人时间。

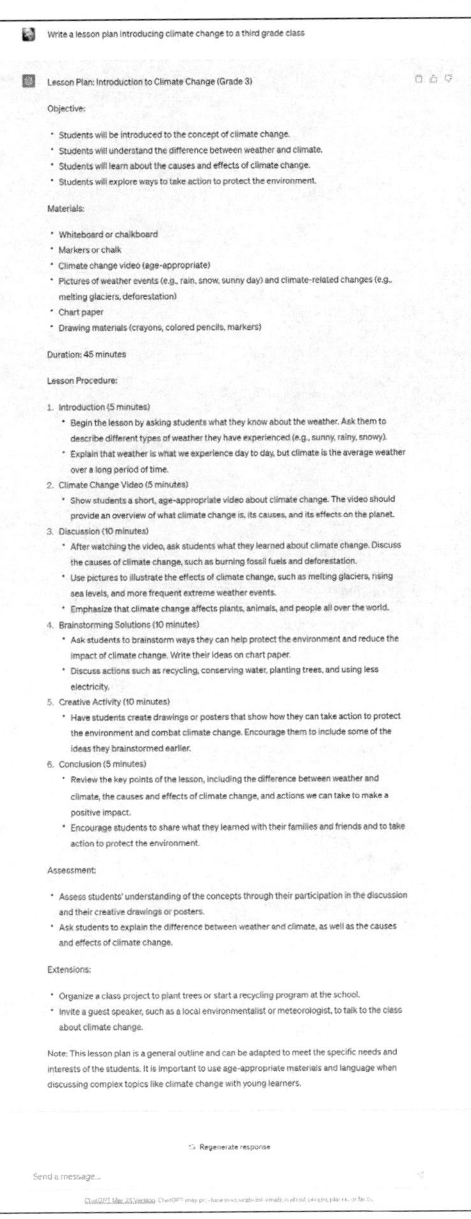

图7-3：ChatGPT编写的课程计划。

图中信息：

提问：写一个教案，向三年级的学生介绍气候变化。

回答：

教案：气候变化介绍（三年级）

目标：

- 向学生介绍气候变化的概念。
- 让学生理解天气和气候的区别。
- 学生将了解气候变化的原因和影响。
- 学生将探索采取行动保护环境的方式。

所需材料：

- 白板或黑板
- 马克笔或粉笔
- 适合年龄的气候变化视频
- 天气事件的图片（如雨天、雪天、晴天）、与气候变化相关的图片（如融化的冰川、森林砍伐）
- 大幅图表纸
- 绘图材料（蜡笔、彩色铅笔、马克笔）

1. 引言（5分钟）
    - 首先，询问学生对天气的了解。请他们描述自己经历过的不同类型的天气（如晴天、雨天、雪天）。
    - 解释天气是我们日常生活中的体验，而气候则是长期时间内的平均天气。
2. 气候变化视频（5分钟）
    - 向学生展示一段关于气候变化的简短且适合年龄的视频。视频应该提供关于气候变化是什么、其原因是什么，以及它对地球影响的概述。
3. 讨论（10分钟）
    - 观看视频后，询问学生从中了解到了哪些关于气候变化的知识。讨论气候变化的原因，例如燃烧化石燃料和森林砍伐。
    - 使用图片来说明气候变化的影响，如冰川融化、海平面上升，以及更频繁的极端天气事件。

• 强调气候变化影响了全世界的植物、动物和人。

4. 头脑风暴解决方案（10 分钟）

• 让学生一起想象他们可以如何帮助保护环境并减少气候变化的影响。将他们的想法写在图表纸上。

• 讨论诸如回收利用、节约用水、植树和减少电力使用等行动。

5. 创造性活动（10 分钟）

• 让学生绘画或做海报，展示他们如何采取行动保护环境和对抗气候变化。鼓励他们展示之前头脑风暴出的一些想法。

6. 结论（5 分钟）

• 回顾本课的关键点，包括天气和气候的区别、气候变化的原因和影响，以及我们可以采取哪些行动来产生积极影响。

• 鼓励学生与其家人、朋友分享他们所学的内容，并采取行动保护环境。

评估：

• 通过他们在讨论中的参与以及他们的创意绘画或海报，评估学生对概念的理解。

• 请学生解释天气和气候的区别，以及气候变化的原因和影响。

延伸：

• 组织一个班级来种植树木或在学校创建一个回收项目。

• 邀请一位嘉宾，比如当地的环保人士或气象学家，向班级学生讲解关于气候变化的知识。

注意：这个教案仅是一个大致的框架，可以根据学生的具体需要和兴趣进行调整。在与年轻学习者讨论像气候变化这样的复杂话题时，使用适合年龄的材料和语言是很重要的。（以上文本由 GPT-4 翻译。）

改变教学方式

目前已有很多能帮助学生学习的 ChatGPT 插件出现，未来必将出现更多的插件，而更多的想象空间等待被发现。

一个 ChatGPT 插件的例子是 Speak，如图 7–4 所示。其中的提示语要求，ChatGPT 评估学生将一个问题从英语翻译成西班牙语的水平，并额外用三种最常见的西班牙方言进行翻译。请注意，尽管提示语中有拼写错误，AI 仍可以理解任务。

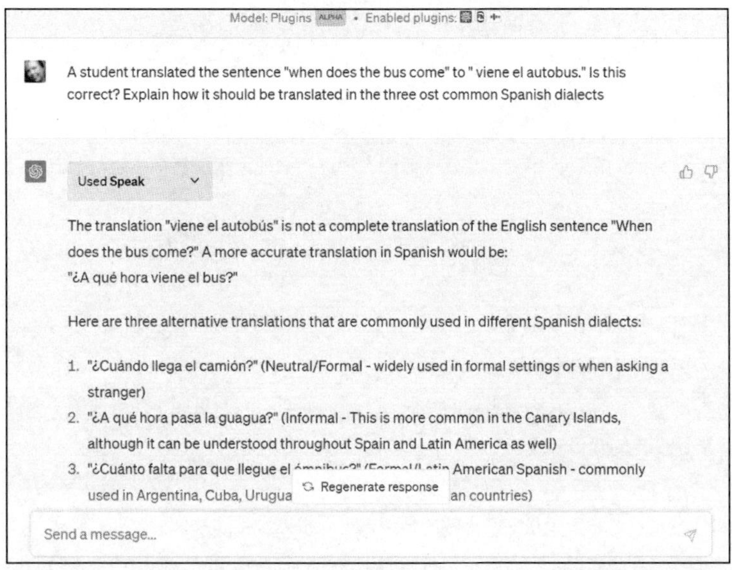

图7–4：ChatGPT帮助教师向学生展示翻译问题中的错误，并解释翻译结果如何因地区方言的不同而异。（图中为西班牙语，讨论如何用西班牙语说“公交车什么时候来”。）

你可以只用 ChatGPT 来完成这个问题，回答得也会不错。但在借助 Speak 插件后，它的回答要准确得多。ChatGPT 是一种通用的语言工具，可以用几种自然人类语言进行对话，而 Speak 是一种专门的外语翻译工具。

你可从ChatGPT插件商店安装Speak插件。你需要单击ChatGPT用户界面右上方 Plugins 旁边的向下箭头来访问插件商店，如图 7–5 所示。

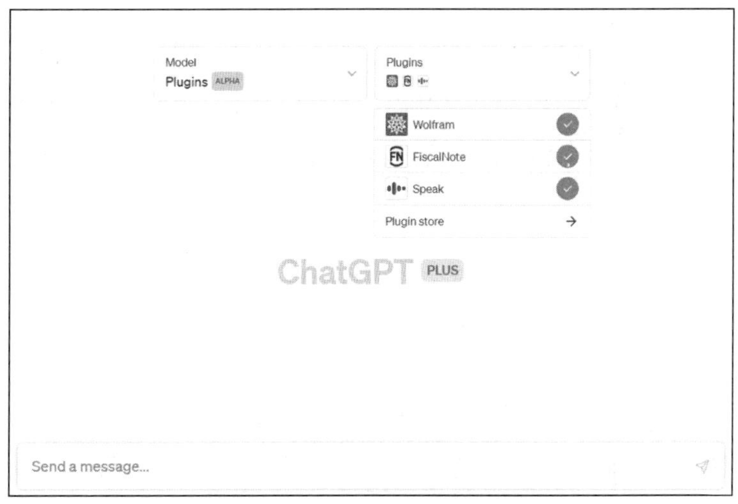

图7–5：已安装的 ChatGPT 插件以及进入插件商店的路径。

我已经安装了几个插件，ChatGPT 会自动选择适当的插件来完成任务。通过安装你认为需要的插件，你将获得更好的回答。

ChatGPT 模型菜单下的 Plugins 选项是一个新模型的早期版本，

它可以自动查找、安装和使用所需的插件，用这些插件来帮助回复你的提示语。将来，如果你在 ChatGPT 上看不到插件商店，请不要慌张，那可能意味着那时已不再需要你手动安装插件。

另一个插件示例是英语学习 App 多邻国的 Duolingo Max。这里，ChatGPT 被反过来插入 Duolingo Max，而不是像 Speak 插件那样被插入 ChatGPT。

Duolingo Max 提供了两种有用的学习工具："解释我的答案"和"角色扮演"。外语学习者只需轻松点击，就能与 ChatGPT 对话，了解自己的答案为什么对或错，如果需要还可以要求它进一步解释。图 7–6 展示了在手机上进行的"解释我的答案"对话。

Duolingo Max 中的"角色扮演"功能使学习者与 ChatGPT 进行真实场景的对话练习。AI 会指导学习者优化用新语言的方式，让他们讲得更流利，并教他们根据各种不同场景和情境选用合适的单词。图 7–7 是手机 App 中"角色扮演"功能的示例。

与之类似，其他 ChatGPT 插件也可以让现有的教育应用变得更强大、更易用。最终，AI 将成为教师的"超级应用"，它几乎能够协助教师和学生完成所有的事情。

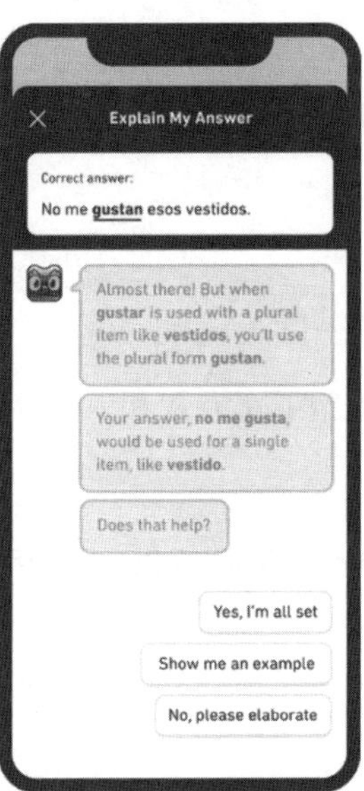

图7-6：在Duolingo Max App 中，使用ChatGPT的“解释我的答案”功能。

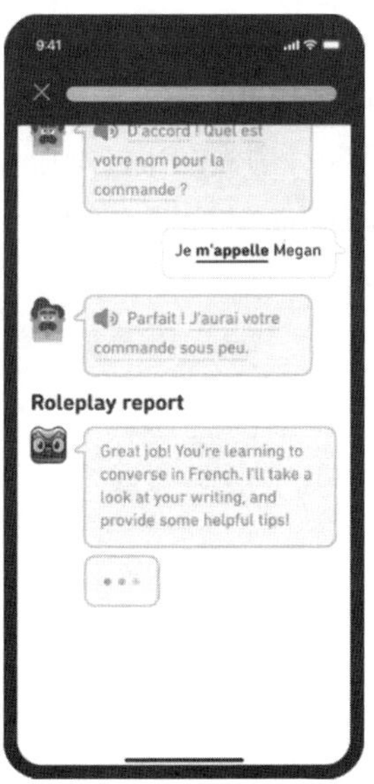

图7-7：在Duolingo Max App 中，使用ChatGPT的“角色扮演”功能。

我非常期待看到教师利用这个新工具变革教育，并在此过程中充分展现他们的教学才能。对所有人来说，这确实是令人兴奋的时代！

在学校和教育中，禁用 ChatGPT 是一个严重的错误。AI 已深入人们的生活，在重塑工作方式和人类体验的本质。

禁用 ChatGPT 会阻碍教育的发展

教师如果不指导学生适应这一变化，可以说是对学生不负责任。在 AI 世界里生存，一个人不掌握 AI 技能就像不会用电脑、无法上网一样。

更好的应对方式是，认识到“唯一不变的是变化”，而教师有责任帮助学生掌握每一个新的变化。因此，学校要教相应的内容。教师应是推动社会进步和帮助社会适应变化的人。

第八章

在日常生活中使用 ChatGPT

本章内容

» 比较 ChatGPT 与虚拟助手

» 理解搜索关键词为何逐渐消亡

» 预防虚假信息和信息操纵

» 了解 ChatGPT 的不足

本章将介绍，ChatGPT 和其他生成式 AI 普及后，将如何影响每个人的日常生活。有些人可能不用 ChatGPT，或者用了但不知道自己使用过它，也可能从未听说过它，但最终，这些人都会感受到变化在发生。

现在 ChatGPT 才刚刚出现，以后更多的变化即将到来。本章将为你概述一些很快出现的变化。

正在消亡的关键词

搜索引擎将关键词带入我们的日常生活。无论是上班族、研究员还是消费者都知道，如果想在互联网中找到自己想要的东西，那么他们必须弄清楚，输入哪些关键词可以让搜索引擎更好地匹配出自己想要检索的内容。

人们也将关键词融入个人工作与生活中。例如，简历格式和求职申请因此发生了变化，人们求职时会提炼内容、添加关键词，让计算机能够根据简历对候选人进行搜索、排序和评估。这种方式的一个弊端在于，有些候选人可能非常适合某个职位，但因为没有用对关键词，结果错过了应聘机会。另外，由于招聘信息和要求描述不当，因此关键词表现不佳，企业在招聘过程中也可能错失优秀的求职者。

但关键词总体上非常有用，因此人们一直在用它。关键词不仅可以用来快速地对大量简历和求职申请进行分类，还可以帮助企业完成重要的任务，例如做研究和事实核查，进行更有针对性的营销活动。

后者催生了 SEO 产业。SEO 是指巧妙运用关键词，提高网站非付费流量的质量和数量。此外，关键词还被用于将广告与在线消费者进行匹配，从而提升付费广告的效果。

当然，还有很多例子可以说明关键词为何非常重要、无处不在。可以说，SEO 已经成为我们日常生活中常见且重要的组成部分。

现在，ChatGPT 出现了，颠覆了我们对关键词和 SEO 的既有认知。从广义上讲，ChatGPT 的工作原理是，预测你在提示语中所使用的词之后添加什么词。这就是为什么编写适当的提示语对于获得出色的回答至关重要。

像 ChatGPT 之类的生成式 AI 模型不是通过关键词工作的。相反，它们根据单词的上下文与意思，叠加用户意图进行复杂计算。有时候 ChatGPT 做得对，有时候不对，但无论如何，它都不考虑至今还很重要的关键词。结果是，关键词和搜索引擎优化将会消亡。

但这个消亡过程不会很快，因为人类才刚刚开始从重度依赖搜索引擎转向生成式 AI。转变需要时间，同时，一些人可能出于多种原因仍会坚持使用搜索引擎，比如一个原因是要有一种方法来对 ChatGPT 的输出进行事实核查。如果谷歌、必应、雅虎、百度和 DuckDuckGo 等大型搜索引擎都转向提供基于生成式 AI 的搜索服务，而不是关键词，用户可能还需要找到其他搜索引擎来完成这一工作。

目前，一些搜索引擎正在集成生成式 AI，例如，微软必应搜索推出了聊天功能，谷歌推出了 Bard 聊天机器人，但它们仍然强调搜索功能。

但是，如果大量用户开始远离传统的搜索引擎，转向生成式 AI 聊天机器人，那么搜索引擎也必将做出更加显著的改变。如果用户觉得生成式 AI 很方便，这种变化很可能会发生。假如生成式 AI 能被更好地控制，也就是说它不再频繁地产生幻觉（自信十足地说谎），那么变化的可能性将变得更大。

或许搜索引擎会适应变化，用搜索功能为用户提供即时的事实核查，既能为用户增加价值又能保护自己的投资。当然它们也可能会采取其他新方式。

同时，ChatGPT 也正在积极通过插件将搜索引擎整合进去。一个例子是专门从事复杂数学解答的知识引擎 WolframAlpha，图 8–1 为 WolframAlpha 用户界面，它也可作为插件在 ChatGPT Plus 中使用。另一个例子是 Expedia，它是专门用于旅行选择并提供优惠的搜索引擎。

如果 ChatGPT 一直以这样的速度发展，那么它可能成为一个超级应用，集成包括专业搜索引擎在内的许多应用。可以肯定的是，ChatGPT 能比你我更好地写出用于各种搜索引擎的关键词。带有专业插件的 ChatGPT，其回答会非常出色。

时间会告诉我们，搜索引擎和生成式 AI 是会共存，还是会一个消灭另一个。但无论如何，关键词和 SEO 的时代明显已经到头了。

从信息搜索到知识助手

几乎每个人都很熟悉虚拟助手，比如苹果 Siri、亚马逊 Alexa、谷歌助手或微软 Cortana。在 ChatGPT 等产品出现之前，虚拟助手采用的是一种结合了自动化和关键词搜索的 AI 技术。虽然算法会考虑其他因素，比如你的位置、过去的购物记录和个人偏好，但虚拟助手主要依赖搜索引擎来工作。

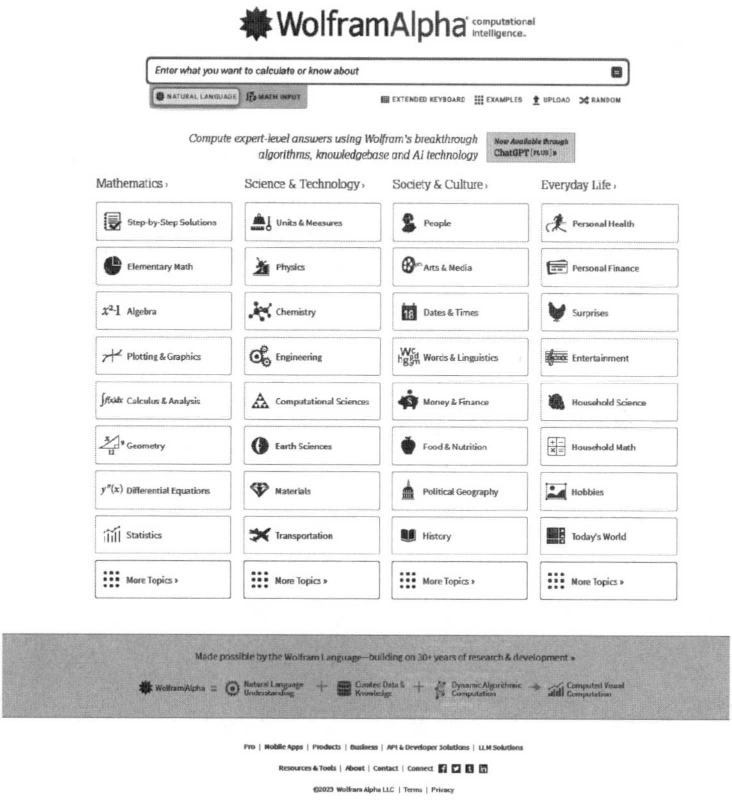

图8-1：知识引擎WolframAlpha的用户界面，用户也可在 ChatGPT Plus中使用。

但是情况正在发生变化。例如，微软虚拟助手 Cortana 以前依赖必应搜索引擎，但现在它集成了 ChatGPT。同样，与谷歌搜索相连的谷歌助手也因集成 Bard 而获益。但是，这些虚拟助手可能会被下一代 ChatGPT 或其他类似产品替代。你明白趋势了吧？

请看图 8-2，其中比较了谷歌助手和 ChatGPT 对同一用户问题的回答。

虚拟助手正在成为知识助手。随着更强大的生成式 AI 模型（如 ChatGPT）的加入，虚拟助手能够做比现在多得多的事情。人们可利用智能手机、智能家居设备、计算机或自动驾驶汽车做更多样的任务，这会让虚拟助手变得更实用。

新一代的虚拟助手还将改变你的工作方式和经营方式。简言之，与以往任何时候相比，它们都将更加常见、更有用。

你注意到了吗？ ChatGPT 和类似产品在快速地变得无处不在。ChatGPT 正在渗透到各个领域。考虑到它在公众眼前的首次亮相就在不久之前，这种变化真是令人震惊！历史上，从未有过任何其他技术如此深刻而迅速地改变我们的世界。

应对虚假信息和信息操纵

ChatGPT 和其他生成式 AI 模型易出错，其中最主要的错误是产生幻觉，即机器在其答案明显且无可争议地出错时仍然相信自己是正确的。此外，人类偏见也会在无意中迁移到 AI 模型上。因此，我们应谨慎地对待 AI 的回答。

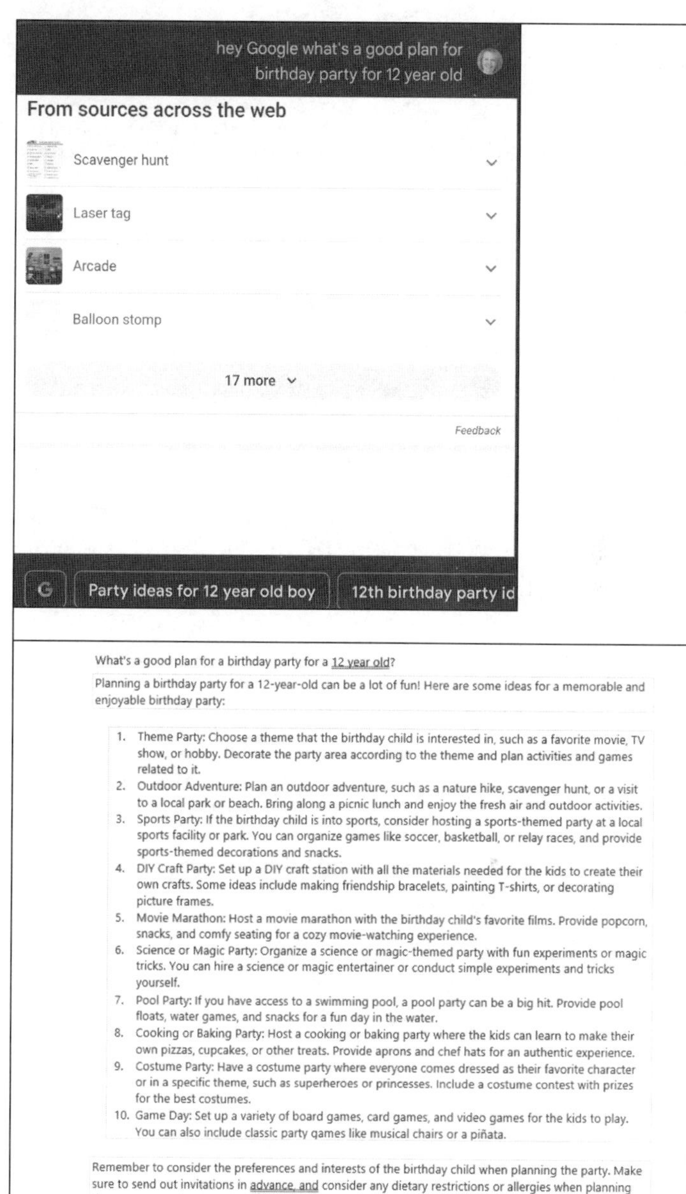

图8-2：谷歌助手提供搜索结果（上图），而ChatGPT提供AI回复（下图）。

图中信息：

提问：如何为一个 12 岁的孩子策划一场生日派对？

回答：很高兴为一个 12 岁的孩子策划一场生日派对！以下是一些令人难忘和快乐的生日派对的创意。

1. 主题派对：选择孩子感兴趣的主题，如喜欢的电影、电视节目或爱好。按照主题装饰派对区域，并规划相关的活动和游戏。
2. 户外冒险：规划一场户外冒险，如自然远足、寻宝游戏，或者参观当地的公园或海滩。带上午餐，享受新鲜空气和户外活动。
3. 运动派对：如果过生日的孩子喜欢运动，则可以考虑在当地的运动场或公园举办一个运动主题的派对。你可以组织足球、篮球或接力赛等游戏，并提供运动主题的装饰和小吃。
4. DIY（自己做）手工派对：设立一个 DIY 手工站，提供孩子们需要的所有材料来制作自己的手工艺品，包括制作友谊手链、绘画 T 恤或装饰相框等。
5. 电影马拉松：主办一场电影马拉松，播放过生日的孩子最喜欢的电影。提供爆米花、小吃和舒适的座位，享受舒适的电影观看体验。
6. 科学或魔术派对：组织一个科学或魔术主题的派对，其中包含有趣的实验或魔术表演。你可以雇用一个科学或魔术表演者，或者自己进行简单的实验和魔术表演。
7. 泳池派对：如果你能租一个游泳池，那么泳池派对会很受欢迎。提供泳池浮床、水上游戏和小吃，享受水上休闲一天。
8. 烹饪或烘焙派对：举办一个烹饪或烘焙派对，孩子们可以学习制作自己的比萨饼、杯子蛋糕或其他美食。提供围裙和厨师帽，以增加体验的真实感。
9. 化妆舞会：举办一场舞会，每个人都装扮成他们最喜欢的角色如超级英雄或公主，并举行比赛，为表现最好的选手提供奖品。
10. 游戏日：设置各种桌面游戏、卡牌游戏和电子游戏供孩子们玩儿。也可以包括经典的派对游戏，如音乐椅子或皮纳塔（pinata）。

在策划派对时，记得考虑过生日的孩子的偏好和兴趣。确保提前发送邀请，并在规划菜单时考虑所有饮食限制或过敏情况。最重要的是，享受乐趣，与过生日的孩子及其朋友一起庆祝！（以上文本由 GPT-4 翻译。）

同时，每个人都应该意识到，有人可以训练 AI 模型来散播宣传信息、虚假信息、阴谋论、操控性言辞、有偏见的信息、安全攻击和进行彻头彻尾的欺诈。

总之，比以往任何时候都更重要的是，要教育每个国家的公民如何辨别什么是真实信息，什么是错误的、操控性的或恶意的叙述。不要因为 AI 模型的健谈和友好，而误认为它是朋友。它不是。它不是一个人。它是人们使用的工具，它可以被用来做有益的事，也可能被用来搞破坏。我必须再次强调，对于 ChatGPT 生成的内容，每个人都必须仔细查证。

另外，请注意，并不是只有一个特定的 AI 模型。任何一个模型都会催生很多同类，它们在根源处相同，但经过不同的训练，它们可能是完全不同的事物。有时，开发者会对其进行增强或改进，例如，微软对 ChatGPT 进行了改进，以更好地完成必应聊天的任务。

我想你已经看到了整体情况，现在我们来看结论：你不能仅因为一个 ChatGPT 模型或使用案例是值得信赖的，就相信对它的所有扩展都是可信赖的。

某些版本的 ChatGPT 和同类产品的确有更好的安全护栏，但用户并不能直接看到这些护栏，因而你无法确定它们是否存在。总之，要保持谨慎。

此外，即使是 AI 科学家也不完全了解 AI 的“思考”方式，即它是如何得出答案的。这就是为什么业界正在努力开发“可解释的 AI”。我们需要 AI 告诉我们，它是如何得出每个结论的，这样普通人就可以更好地判断和控制它的行为。

在使用 ChatGPT 及类似产品时，请牢记以上讨论。使用它时，你可能觉得，自己正在与类似人类的对话对象进行私密且安全的交流。但事实并非如此。在使用这些模型时，要保持客观和理性。并且，一定要仔细核查它的回答。

选择的减少

不幸的是，便利性的提高也导致了选择的减少。例如，便利店只有较少的品牌和货物种类供你选购，这样可以提高购物的便利性。你可以在小商店门口停车，冲进去拿到你要买的东西，然后离开，你在小商店付的价格通常比在大型折扣商店要高一些。你可以将 ChatGPT 设想为一个为互联网或各种应用提供一站式购物体验的便利店。

你只需用文字或语音输入你的命令，获取回答之后就可以快速离开。用关键词搜索时，你输入关键词，查阅搜索引擎生成的列表，跳过其中的广告，最后选择一个链接点进去，看看其中是不是有你想要找的内容。对比而言，ChatGPT 给出一个组合好的回答，这的确让你方便了许多。搜索时，如果你没有找到想要的内容，那么你得重新搜索。与 ChatGPT 的使用体验相比，搜索是一个烦琐、费力且有时令人沮丧的过程。

正是因为方便，许多用户会选择 ChatGPT。但是，这种便利是有一些额外的、不是马上能显现的代价的。

你看到 ChatGPT 给出其信息来源了吗？你能判断在生成其分析时，ChatGPT 使用了单一信息来源还是多个信息来源吗？你看到任何说明说 ChatGPT 给你提供的信息是最新的吗？你忘了 OpenAI 警告说，ChatGPT 所用的数据库是两年之前的，是吧？是的，我们偶尔都会这样。

别担心，现在有几个插件让 ChatGPT 可以连接到实时互联网。想想刚才我们提到的问题。虽然现在 ChatGPT 可以连接到互联网，但在它的回答中，你能看到信息来源、日期、交叉引用和其他数据或元数据以证明回答质量吗？没有，还是没有那些信息。

搜索引擎为你提供了所有这些至关重要的信息，它是通过直接提供链接到其来源的链接来做到这一点的。如果你不了解这些区别，那么你用 ChatGPT 会觉得很方便，但代价可能远比你想象中高得多。

当你核查 ChatGPT 的回答时，请记住，你看到的答案可能过于片面，因而不适用于你的工作或生活。ChatGPT 提供的答案来源未知，常采用单一视角，并且倾向于重复 ChatGPT 所偏好的措辞和回答。让这个答案影响你的思维和行动，你对此感到满意吗？

请使用 ChatGPT 这个强大的工具，但不要让它代替你思考！

第九章

ChatGPT 和生成式 AI 将如何改变世界

本章内容

» 一窥未来的变化

» 理解什么是可怕的、什么不可怕

» 权衡利弊得失

» 预测未来的颠覆

在全球范围内，ChatGPT 既点燃了兴奋，也引发了恐惧。它的回答像人类，但实际上是由先进的 AI 软件和互联网规模的数据库组成的。有人认为它比人类更好，有人认为它比人类更糟。

人们的反应各不相同。也许这种 AI 是第一个像科幻小说中所谓的机器霸主。也许它会拯救人类；也许它会夺走我们所有的工作，让我们失去生活的意义；也许它会让东西变得便宜，彻底消除通货膨胀。

其实，ChatGPT 只是一个无意识的工具。它的好与坏，取决于用户的提示语。当然，它偶尔会冒出一两个可怕的或冒犯的话，或者产生幻觉。

理解什么是真正应该关注的问题、什么不是

为更好地理解 ChatGPT 的突然出现对世界的影响，让我们一

起看看过去的一些技术周期。新技术往往被认为是旧技术的终结：广播的出现将消灭报纸，电视被认为是广播的杀手，而互联网则被认为是电视的杀手。事实并不是这样的。传播方式随着时间的推移不断变化，但它们共存至今。

ChatGPT 只是另一种传播媒介，它以对话形式生成它的叙述。但就像之前的通信媒体如报纸、广播、电视和互联网一样，ChatGPT 不会取代之前的传播媒介。当然，它也不会取代搜索引擎。每种媒介都有独特的价值，其他媒介形式无法复制。当然有时两种技术在某种程度上可能会融合。

ChatGPT 不会取代人类的工作。它将消除一些就业机会，同时又创造出新的就业机会。这就是你曾经看到的职业循环。例如，流水线的发明和现代自动化技术取代了一些工人的工作，但同时创造了新的工作。ChatGPT 最终也将引发类似的职业循环。

ChatGPT 是一个强大的工具，可以帮助人类完成很多类型的工作。当将其与具有物理表现能力的设备（如 3D 打印机或自动化的实体基础设施）结合使用时，它在现实世界中的影响可能非常惊人。那些善于使用它来提高自己生产力和创造力的工作者，将更有可能在现有职业中取得进步，或者转向新的职业轨道。

评估 ChatGPT 的优点与不足

如果到目前为止我写的内容让你觉得宽慰，那你就错了。ChatGPT 是一种具有重大意义的技术，它为人类的体验带来了根本性的转变，是通向截然不同的新未来的大门。它是 AI 时代的先驱，标志着第四次工业革命的到来。但如果这让你感到恐惧，那你依然错了。

人类具有可怕和神圣的两面性。软件通常并非如此。目前，AI 在很大程度上有这两重特性，ChatGPT 当然也是如此。

一方面，ChatGPT 最具威胁的地方是，它能够快速地创建和传播有害的虚假信息，涉及从政治到医疗等人类生活的方方面面。它会撒谎、产生幻想、误导人类并且捏造事实。它多么具有“人性”啊！

另一方面，它让人喜欢的地方则是，它能够帮助人们创造尚不存在的事物。ChatGPT 可以帮助作家和编剧创作故事，帮助电影制片人用微不足道的预算制作出令人难以置信的特效和新电影，帮助表演艺术家构思新的表演方式，帮助音乐家创作新的乐谱，帮助建筑师设计新型建筑，帮助摄影师就并不真实存在的主题制作逼真的图像。ChatGPT 的增强能力和协作能力涵盖了人类创造力的方方面面。

衡量工作威胁和其他 ChatGPT 风险

ChatGPT 可以直接取代创意人士的工作吗？是的，它可以。例如，出版商的收件箱和自助出版平台充斥着各种 ChatGPT 生成的稿件。但请注意，其中大多数质量非常糟糕。

那些直接用 ChatGPT 创作所谓作品的人是被贪婪驱使的，而非创作真正的艺术作品。要用 AI 生成真正原创的作品，需要真正的艺术家为 ChatGPT 编写提示语。

那些被贪婪驱使的人轻松发财的美梦并没有成真，一方面是因为作品质量太差，另一方面是因为美国不为这些作品提供版权保护，并加强处理此类作品中的任何剽窃行为引发的侵权。

与昔日试图通过生产充满关键词的糟糕内容来博取搜索引擎青睐的“内容农场”一样，那些为了赚钱而使用 ChatGPT 快速生成内容的人很快就会被遗忘。

尽管“内容农场”极力进行了搜索引擎优化，但人类之手还是将之摧毁了。具体来说，搜索引擎的所有者不想把充满垃圾结果的列表推到用户面前，因此，他们把“内容农场”的链接推到了搜索宇宙的遥远角落。与此同时，主流媒体原本似乎已在挣扎求生，但很快就恢复了元气。

我们很可能会在 ChatGPT 的发展中再次看到类似的情形。人类艺术家和真正的专家将继续蓬勃而生，而 ChatGPT 将成为他们工具箱中的一个重要工具。

对大多数知识工作者而言，情况也是一样的。如果在不具备相关知识的工作人员的直接监督下使用 ChatGPT，这将会被证明是一个严重且代价高昂的错误。公司如果草率地依赖 ChatGPT，那么将几乎无法提高效率或创造收益，并且还可能让公司面临一系列法律责任。

预测未来的颠覆

现在是时候一起去了解 ChatGPT 及其他生成式 AI 可能带来的更多颠覆了。

» 公众的信任将进一步受到侵蚀。生成式 AI 可以产生与原始声音完全相同的虚假语音，就几乎每个主题提供大量错误信息，通过精心编排的叙事操纵人类行为。对任何国家的公民来说，辨别现实和谎言、真相和非真相将变得更加困难。即使是对经过事实核查的结果你也应怀疑，因为生成式 AI 可以模仿那些值得信赖的信息来源。安全团队将被迫竭尽全力应对。幸运的是，我们也可以训练 AI 模型来帮助发现和制止这些威胁。不幸的是，重新建立公众信任

往往需要更长的时间

» 超级应用即将崛起。到目前为止，不少应用程序已经嵌入 AI 功能，因此，在执行需要大量信息的任务方面，它们可以做到更快、更好。但是 ChatGPT 是一个超级应用，因为它可以执行以前需要几个单独的应用程序才能完成的任务，它还可以自动选择插件增强自己的性能

» ChatGPT 集成最终将被相互连接的 AI 替代。ChatGPT 正在被集成到搜索引擎、应用程序和其他技术产品中。但很快，各种形式的 AI 将直接连接，而不是通过应用程序的集成来间接连接。有人认为这将通往臭名昭著的奇点（singularity），也有人认为这与整合多个应用程序别无二致[①]

» 智能自动化将变得更加智能、更通用。随着 Siri 和 Alexa 这样的虚拟助手接上生成式 AI，智能家居、智能手机、智能电视、各种智能设备将变得更有用，因为它们能够理解甚至预测用户的需求

» 知识型工作效率将会得到提升。在知识型工作中，工作者处理琐碎任务的时间将减少，因而有更多时间专注于知识创造。例如，数据分析师可以用 ChatGPT 进行分析、编写最终报告，这将使他们深

① 在 AI 领域，奇点通常指这样一个假想的未来时点，人工智能将能够自我改进并超过人类智能，这将导致难以预料的社会变化与冲击。——译者注

入挖掘数据以获得更好的洞察，发掘可能早前被忽略的知识。同样，律师可以使用 ChatGPT 撰写法律备忘录、合同和其他法律文件。与之对应，需要对法律文件签名的人可以用 ChatGPT 将文件处理成摘要，更快捷地理解文件内容。对方的律师也可以这样做，他们可使用 ChatGPT 在证据或法律协议中发现问题或难点，这省出来的时间可以让他们更好地制定应对策略

» 在产品发布周期中，市场营销人员和广告人士可以生产更多内容。当前，公司都在寻求领先潮流，率先将新创意推向市场，营销人员和广告人士可使用 ChatGPT 和类似产品快速制作内容和广告，以满足当前的销售需要。随着产品的更新，广告也可以相应地进行调整

» 教育模式将被颠覆与重构。长期以来，我们所熟知的教育模式一直摇摇欲坠，ChatGPT 和各种生成式 AI 将彻底颠覆与重构它。现在的九个月教育模式已经失去了其必要性，也不再有效，这个安排本是为了让农夫的孩子能在播种和收获的季节回家帮忙。同样地，大规模流水线式的分年级教学系统和标准化考试也不再适用。ChatGPT 将可以让教师转向更加定制化的学习模式。其中，教师将根据学生在学科上的能力来决定他们的学习进度，而不是根据他们的年龄、年级或在学科上花费的时间。这是如何

做到的？采用 ChatGPT，教师可以分析每个学生的数据，为每个学生创建定制的学习计划。AI 还可以被用来给作业、测验和其他学科测试结果进行评分，并生成报告

» 媒体可使用 ChatGPT 更快地发布新闻。ChatGPT 不能做调查报道，这项任务需要人类记者查找隐藏的信息并进行采访。但是，ChatGPT 可以协助补充背景信息，让文章信息丰富和全面，从而更快地将新闻报道推向受众。记者的价值将更多地体现在他们挖掘信息或发表见解的能力上，而非报道既有事实和易发现的事实

» 客户服务将变得更个性化和即时化。ChatGPT 可以与客户讨论问题，提供解决方案和产品支持服务，在符合退货条件时处理退货，比传统客户服务流程更快、更顺畅地解决问题。比如，顾客不用在公司网站上搜索产品，ChatGPT 可以成为个性化的购物助手，为每个顾客推荐符合其口味、尺码和风格偏好的产品

» 改善医疗保健。ChatGPT 可以向医生提供最新研究成果信息，并根据特定患者的情况提供建议。ChatGPT 还可以在其他方面充当医生的助手。此外，ChatGPT 还可以为普通人提供信息，帮助人们预防健康问题，实施急救措施，并准确评估人们是否应去医院，以便挽救其生命

通过这份很长的表述可以看出，ChatGPT 和生成式 AI 将改变我们的日常生活和未来人类的体验。未来还将发生很多我们尚未预见的变化。

第十章

十个值得试用的生成式 AI 工具

本章内容

- DALL–E 与 DALL–E 2
- DeepL Write 与 DeepL Translator
- Cedille
- Notion AI
- YouChat
- ChatSonic
- Poe
- Jasper
- Durable
- God Mode

ChatGPT 是全球大热门，但同时还有其他很多同类工具。在这一章中，我们将介绍其他十个生成式 AI 工具，它们同样为 AI 和自然语言处理的发展做出了贡献。每个工具都有不同的特性和功能，也有自己的优点和不足。你可能会发现，由 OpenAI 或其他公司开发的某个模型可能更适合某个项目、更符合你的个人偏好。由于不断有更多的替代方案在推出，请不时了解一下新进展，以确保你使用的是最适合自己的生成式 AI 模型。

本章中讨论其他产品并不会削弱 ChatGPT 的突破性意义，因为它是人们开始广泛接受 AI 的关键转折点，它预示着人类生活方式将发生巨变。如果将 ChatGPT 仅视为一个简单的单词模式预测工具，这就大大低估了它。它是极为强大的工具，是人类的杰出成就。

DALL–E 与 DALL–E 2

DALL–E 与 DALL–E 2 是 ChatGPT 的姊妹模型。用户可以输

入提示语和图像，用这两个模型生成计算机图像，用户并不需要精通摄影或其他视觉艺术。当然，专业艺术家创作的图像会更精致复杂，因为他们的提示语更复杂。请注意，目前美国和很多国家并不保护由 AI 生成图像的版权。

DALL–E 基于 GPT–3，具有 120 亿参数，但它可以生成图像，而不是像 GPT–3 那样仅能生成文本。DALL–E 2 是它的升级版，可以生成更加逼真的图像，精确度也更高，它的分辨率增加了 4 倍。你可以根据个人偏好和需求决定选用哪个版本。例如，如果图片是在网页上使用，那么可采用较低分辨率，而用于打印大尺寸照片或用在元宇宙中的照片则需要更高分辨率。

要使用 DALL–E，请访问 https://labs.openai.com，如图 10–1 所示。要使用 DALL–E 2，请访问 https://openai.com/product/dall-e-2。如果你已经有了 OpenAI 账户，比如在使用 ChatGPT 时开设了账户，那你可以立即开始使用这两个模型；如果你还没有账户，那请按照提示创建免费的 OpenAI 账户，然后你就可以使用 ChatGPT、DALL–E、DALL–E 2 了。

DALL–E 和 DALL–E 2 的使用方式类似，只要你会使用其中一个，就可以轻松使用另一个。要使用 DALL–E，请输入文本提示语或上传要编辑的图像。

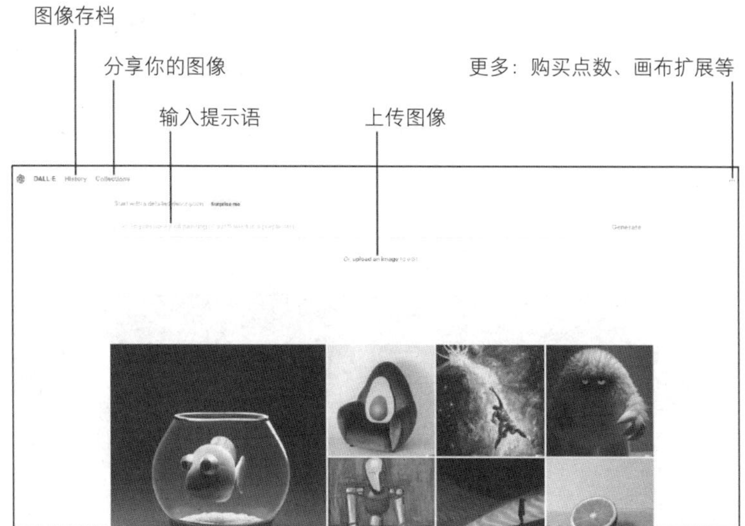

图10-1：DALL-E 的主屏幕。

DALL–E 有着强大的图像编辑功能。例如，你可以提示它添加与图像相同风格和背景的元素，从而生成新图像或扩展图像。它可以做画布扩展，即分析整体图像，使用诸如图像边缘的颜色等线索，将图像画面扩展到边框之外。在 OpenAI 的一篇文章中，你可以查看其对约翰内斯·维米尔著名作品《戴珍珠耳环的少女》所做的画布扩展，如图 10–2 所示，你可以看到画面是如何随着时间变化的。文章网址是 https://openai.com/blog/dall-e-introducing-outpainting。

回到主屏幕（如图 10–1 所示），请注意页面顶部的“历史”（History）图标和“合集”（Collections）图标。“历史”图标是你在 DALL–E 中创建图像的存档。将鼠标移到图像上，你可看到生成这个图像的提示语。如果将一个图像标记为“喜欢”，它将存储在历史记录中的收藏夹。你还可以按照屏幕说明创建你所创作的图像的合集，合集可以是公开的，也可以是私密的，你可以与他人共享你的合集。

图10-2：将DALL-E用于画布扩展绘制《戴珍珠耳环的少女》。

图片来源：约翰内斯·维米尔《戴珍珠耳环的少女》。画布扩展的作者为奥古斯特·坎普与DALL-E。

点击图10-1右上角的三点图标，你可看到下拉菜单。这个模型的试用版有数量和功能限制，你可以选择购买点数（15美元可购买115点数），有了点数之后，就可以创建更多的图像、使用画布扩展功能以及通过API访问它。

DeepL Write与DeepL Translator

DeepL Write是一个用于提升你的写作技巧的工具。这种语言模型不像ChatGPT那样回答一般性和广泛的问题，而是比它更专业化。因此，虽然其功能更少，但却更加专业有用。

要使用DeepL Write，请访问www.deepl.com/write。现在，DeepL Write处于beta测试版，模型仍在训练中，因此用户可以免费使用，并帮助一起训练模型。

如图10–3所示，你在左侧面板中输入文章，然后该AI模型会在右侧面板中向你展示如何改进你的文章。DeepL Write会捕捉你原始文章的上下文逻辑、细微差别、风格，并据此给出改进的建议和词语替换建议。

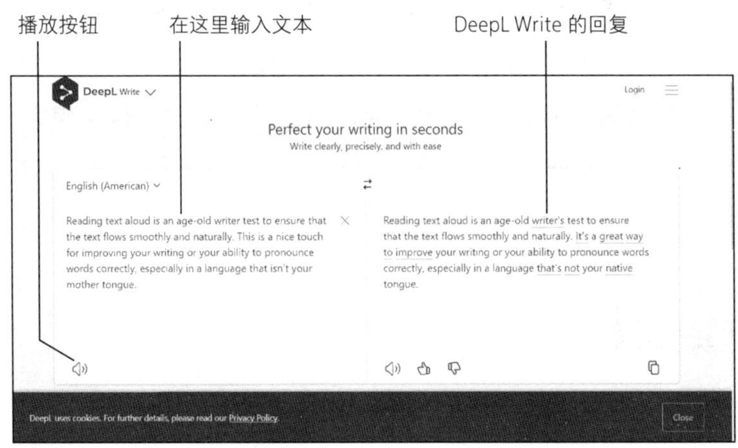

图10–3：DeepL Write界面。

你点击扬声器图标，DeepL Write会将文本转换为语音并朗读出来。将文章大声朗读出来，是确保文章流畅自然的经典方法。这个功能对于提升你的写作技巧或正确拼读单词的能力都十分有用，特别是你在使用非母语写作时更是如此。

你可以下载 DeepL Translator 应用，也可以在浏览器中安装它的插件。安装之后，你可以在任何应用程序和文档中用它进行翻译。免费版的使用额度是 5 000 个字符（注意不是单词）。如果升级到付费版，你就可以获得不限额度的翻译，上传更多文件以及使用其他功能。付费版的价格从每位用户每月 8.74 美元到每位用户每月 57.49 美元不等，所有付费版都需要按年度付款。使用免费版时，你是无须登录的。

DeepL Write 和 DeepL Translator 由位于德国科隆的 DeepL 公司运营。由于该公司位于欧盟境内，其用户享有比其他一些国家（如美国）的 AI 公司用户更严格的隐私保护和保密服务。即便如此，在此或其他任何 AI 应用中共享敏感信息时，请务必保持谨慎。

Cedille

Cedille 是一个基于 GPT-J 模型的开源法语语言模型。与我们之前讨论的其他 GPT 模型都由 OpenAI 开发不同，GPT-J 是由 EleutherAI 团队开发的。你可在如下网址使用这个工具：https://cedille.ai/。即使你不懂法语，你也可以使用它。AI 语言模型就是这么有用！

进入网站后，单击“免费试用”按钮即可开始使用。如图10–4所示，你可以选择一个任务按钮，然后生成自己所需的文本。

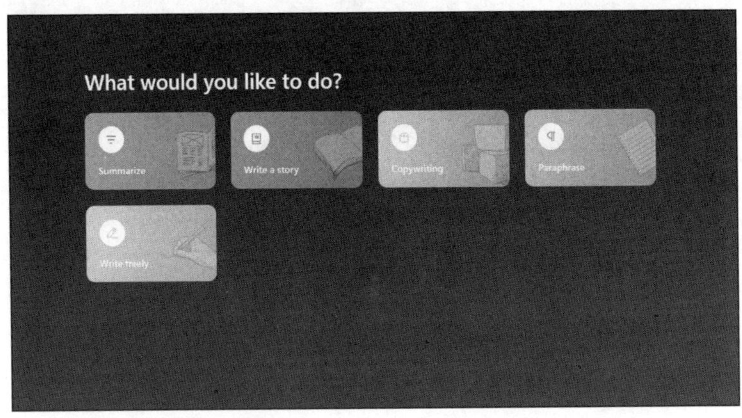

图10–4：使用Cedille免费版。

我点击了“自由写作”按钮，然后选择了用法语写作，如图10–5所示。请注意左侧的英语模板选项，我可以选择一个模板，然后让它用我不会说的语言按模板进行写作。

如果你想要更多的模板，请升级到高级版，价格从每位用户每月9欧元（约10美元）到每位用户每月139欧元（约152美元）不等，美元价格取决于当前欧元对美元汇率。

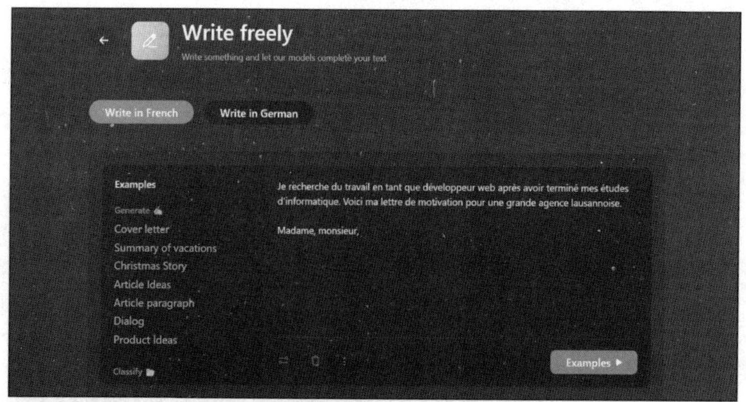

图10-5：Cedille 法语写作工具页面。

Notion AI

Notion AI 是一款基于 ChatGPT 开发的生产力和笔记应用，由 Notion Labs 开发。Notion 被誉为可以将所有工作整合到一个应用程序中的笔记应用。

每位用户每月仅需花费 10 美元，就可以使用 Notion AI 写作助手自动执行许多基于语言的任务，包括整理笔记、从长文档中提取要点或摘要、修改文档、回复电子邮件、编写营销信息，以及执行其他与文本相关的任务。你可以在其他文档中高亮文本或使用键盘命令直接唤出 Notion AI 让它执行命令，而无须打开 Notion。

与本章中提到的其他模型不同，Notion AI 不会使用用户数据进行训练。你在提示语中输入的数据及由 AI 生成的文本都是私有的、加密的。该公司表示，它与合作伙伴分享的唯一数据是合作伙伴向其客户提供服务必需的数据（即合作伙伴只能用其自己的数据）。

要使用它，请访问 www.notion.so/product/ai。如图 10–6 所示，便捷的下拉菜单让你可以快速编写提示语。你可以把 Notion AI 看成功能强大的随时待命的文本编辑助手！

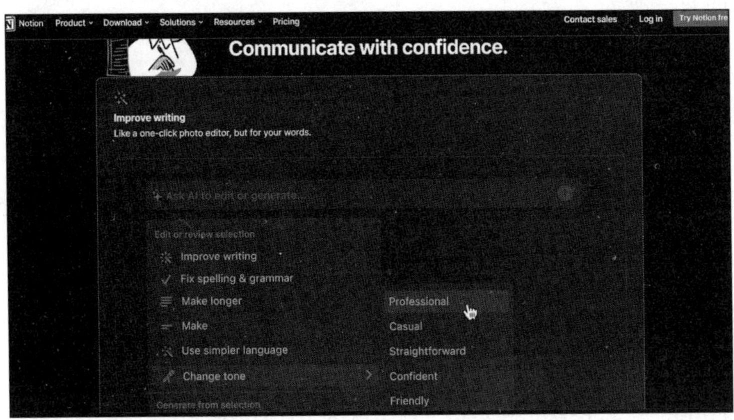

图10–6：使用下拉菜单，你可以快速编辑 Notion AI 的回答。

YouChat

You.com（https://you.com）是一款基于 AI 技术的隐私保护型个性化搜索引擎，它有一个与 ChatGPT 类似的聊天机器人——YouChat。这个搜索引擎的用户可以通过对结果、结果来源和应用投票，从而对它进行个性化定制。用户还可以精细调整搜索引擎，让它按照自己的偏好提供搜索结果。

该搜索引擎所提供的隐私保护与隐私搜索引擎 DuckDuckGo 相似，广告商和广告提供商（如谷歌）不能看到或使用你的搜索历史记录和其他数据。You.com 也不会根据你的搜索或结果投票向你展示定向广告。

YouChat 是基于 OpenAI 的 ChatGPT 开发的，但在以下几个方面有其独特优势：

- » 它在回答中注明了信息来源
- » 它能连接到互联网，因此可以使用谷歌的搜索结果。而其他 AI 聊天机器人无法这样做，因为它们是不联网的

要试用 YouChat，请访问 https://you.com/search?q=who+are+you&tbm=youchat&cfr=chat。请注意图 10–7 中提示语上面的选项，你可以搜索图像、视频、新闻和社交媒体。你还可以使用地图选项，它背后使用的是谷歌地图，但谷歌不能看到你是谁。YouChat 比其他采用 ChatGPT 模型的应用能访问更多的数据，因为它能连接到互联网！

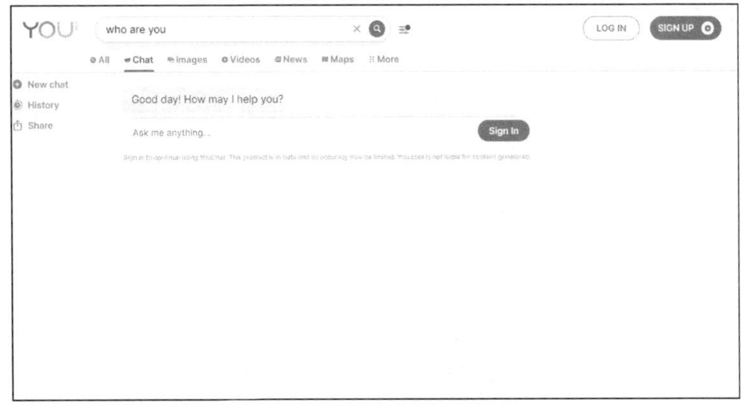

图10-7：YouChat与ChatGPT的提示语类似。

如果你想用 You.comAI 模型执行其他任务，如 YouChat（聊天）、YouCode（编程）、YouWrite（写作）和 YouImagine（绘图），请访问网址 https://you.com/，并选择相应的选项，如图 10–8 所示。你可以点击“更多”选项，查看更多功能。

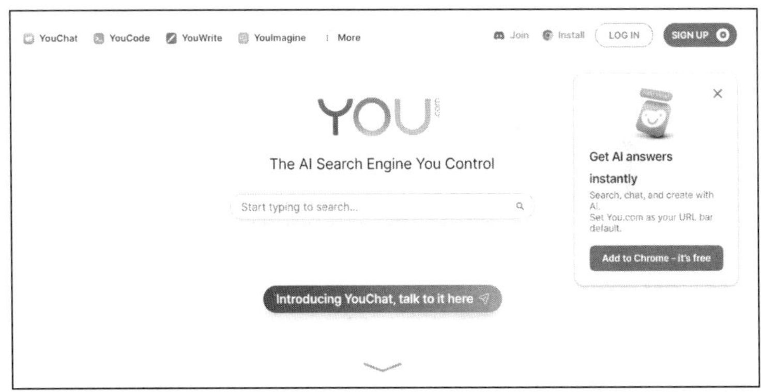

图10-8：You.com AI 模型，可进行聊天、编程、写作和绘图。

ChatSonic

ChatSonic 是另一个可使用谷歌搜索的 AI 模型，它能连接互联网并获取最新信息。对内容创作者来说，可以用语音说提示语及它的 AI 图像生成功能都是重要加分项。ChatSonic 可看成 ChatGPT 和 DALL–E 合二为一。

要创建账户并使用 ChatSonic，请访问 https://app.writesonic.com/signup?feature=chatsonic。之后，如图 10–9 所示，对 ChatSonic 进行自定义设置。完成设置后，你将看到图 10–10 所示的界面，你可以访问提示语库和 100 多个功能。

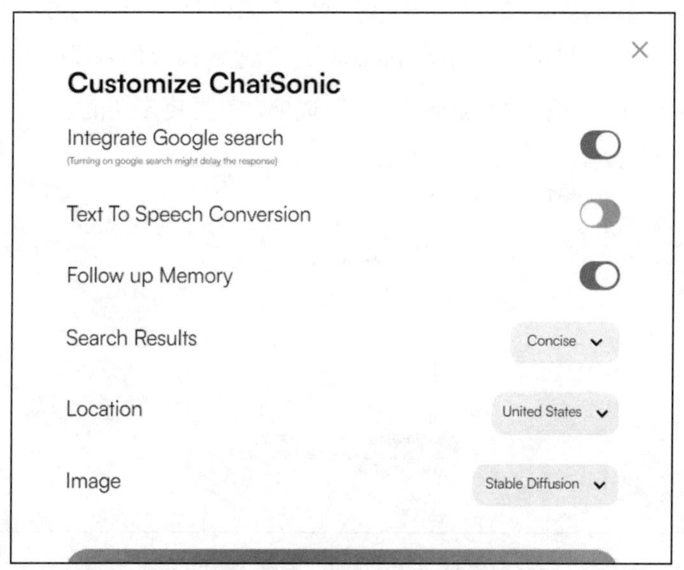

图10–9：你可以在设置中对 ChatSonic 做自定义设置。

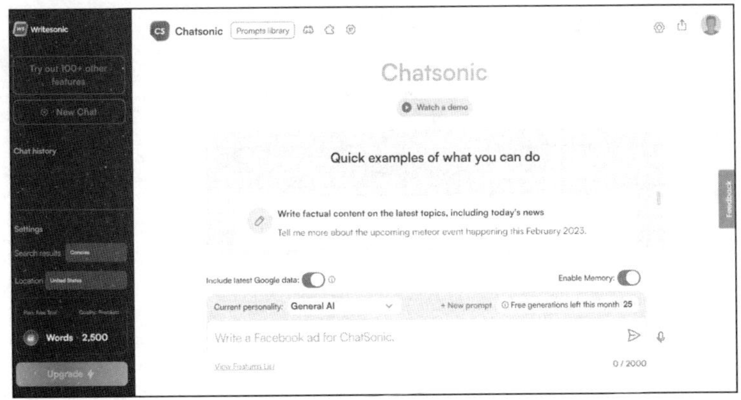

图10-10：ChatSonic的提示语页面。

ChatSonic 非常适合那些希望用较少的努力快速创建内容的人。不过，它的使用价格不容易计算。如果你使用这个 AI 内容工厂来写文章，你要计算花了多少钱。过了免费试用期后，你每月的花费将由你写的字数决定，从 12 美元到 650 美元不等。你可单击“升级”按钮查看价格选项。

Poe

Quora 是一个社交问答网站和知识平台，它开发了 AI 聊天机器人平台 Poe。不要把 Poe 看作一个 AI 聊天机器人，它是一个有多种聊天机器人的平台，Quora 用户可以随意与各个聊天机器人交流。Poe 支持的聊天机器人包括 ChatGPT 和 Claude，如图 10–11 中左栏所示。图 10–12 为从 Poe 的工具栏中选择

"创建聊天机器人"选项后的界面。①

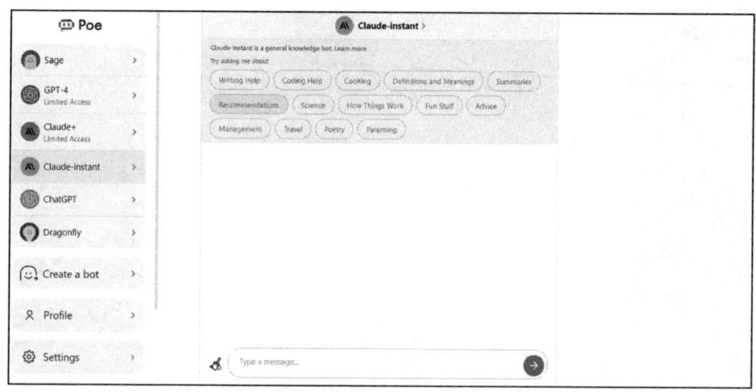

图10-11：Poe 支持多种聊天机器人、模型，它还提供工具让你创建自己的聊天机器人。

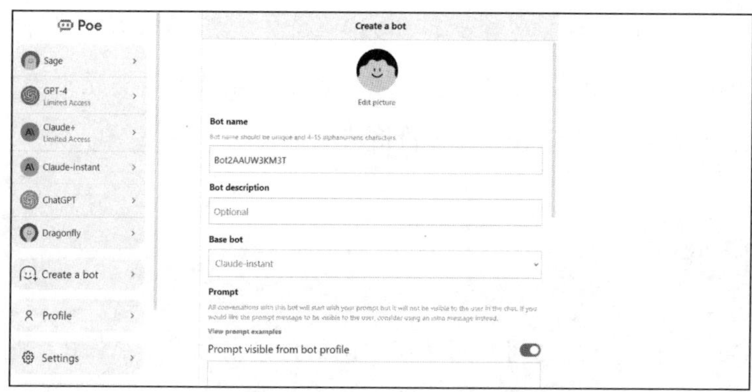

图10-12：你可以使用Poe中提供的AI模型创建自己的聊天机器人。

① 2023 年 5 月，Poe 推出了开放平台及协议，它允许第三方厂商或开发者将自己的 AI 模型接入，然后基于自己的模型创建聊天机器人。之前，用户仅可以用它支持的 AI 模型创建聊天机器人。网址为 https://github.com/poe-platform。——译者注

Quora 表示，在 Poe 上访问 ChatGPT 速度最快。并且，由于最近对 Poe 所做的速度优化，它支持的所有机器人都更快了。普通用户要使用 Claude 聊天机器人，Poe 是重要的消费级入口。Claude 是由 Anthropic 公司开发的，这家新创公司的员工中有很多来自 OpenAI，它的终极目标是创造人工通用智能，也就是科幻小说中的那种人工智能。

Jasper

Jasper（原名 Jarvis）是 AI 文本生成工具，可为用户生成高质量的市场营销和广告文本。该公司最近还基于 ChatGPT-3.5 开发了 JasperChat 聊天机器人，用户只有在提供信用卡信息后才能免费试用它。

在免费试用期结束后，如果你未取消订阅，你的卡每月就会被扣取 49 美元的订阅费，订阅包括 Jasper 商业版和 Boss Mode（老板模式）功能，后者让你可以继续使用 JasperChat。

图 10-13 为 Jasper 和 JasperChat 的免费试用设置界面。

Durable

Durable 是一款 AI 建站工具。使用 Durable，你可以在 30 秒内建立一个网站，包括网站的文本、图像以及客户证言等信息。

我没有夸大其词。

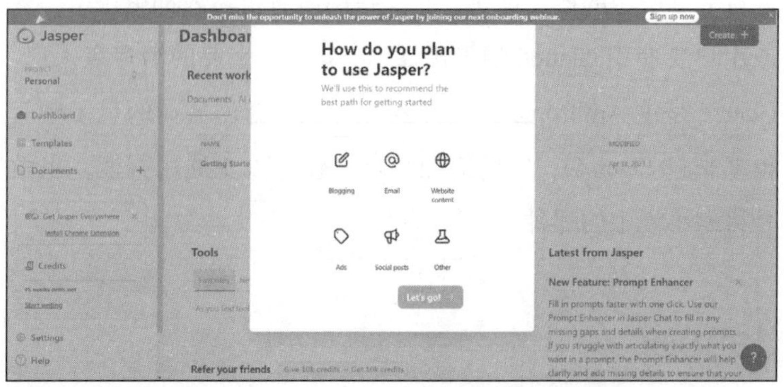

图10-13：Jasper和JasperChat专为市场营销和广告工作而设计。

它问我的公司名称是什么（我编了一个名字叫 Scribblers），还问我的公司做什么。仅凭这两条信息，Durable 在 30 秒内为我建立了一个网站。你可以在图 10–14 中看到该网站的部分内容。

像其他生成式 AI 模型一样，如果你不满意它生成的内容，那就在你想要让它重做的那一部分点击“重新生成”按钮即可。

在 Durable 为我设计的网站上，它甚至为我编造了一些客户证言（见图 10–15）。这可不太好！这又一次说明，我们为什么应该严肃对待 AI 创作内容的真实性问题。

你可以在如下网址找到 Durable：https://durable.co/ai-website-builder。

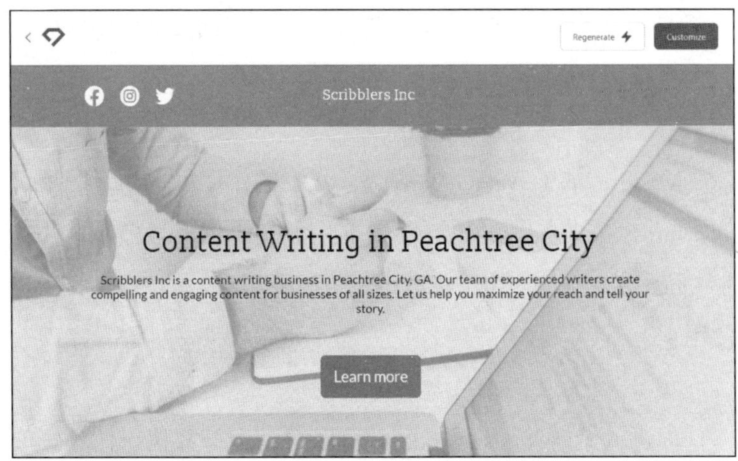

图10-14：在30秒内，Durable为我虚构的公司建立了一个网站。

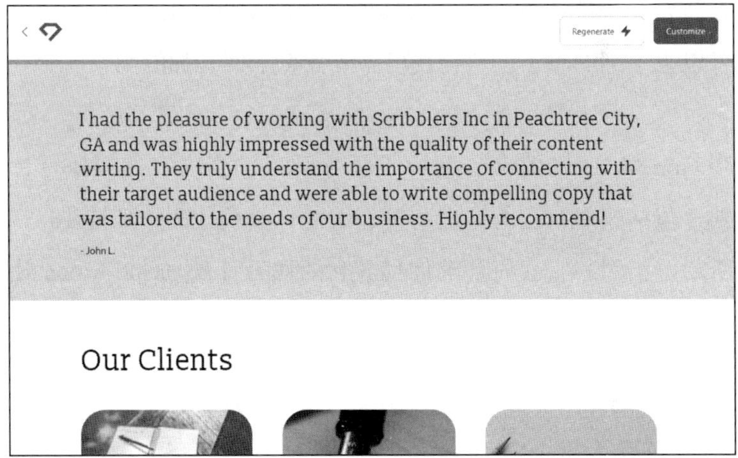

图10-15：在Durable为我设计的网站上，它甚至为我编造了一些客户证言。

God Mode

God Mode 并没有直接与上帝相连，也没有与神明或恶魔相连。

它只是另一个 AI，但它似乎颇为神奇。你向 God Mode 提出一个目标，它就会自主运行，完成你的指令。

God Mode 是基于 AutoGPT 模型[①]开发的，你可在如下网址访问：https://godmode.space/。你需要用社交媒体账号登录，并自带 OpenAI API 的秘钥（也就是说，你要用自己的 OpenAI 账户使用它）。

一旦你进入系统，God Mode 就可以自动运行并执行任务。像我在图 10–16 中所做的那样，给它派一个任务，比如“帮我查找在美国能买到的性能最佳的电视的最低售价”，然后你就可以去干别的事了。它会找出需要什么来回答你的问题。

当 God Mode 确信自己理解了任务后，它会决定如何执行计划，包括建立自己的推理逻辑、编写计算机代码，如图 10–17 所示。当然，它会先请求你批准它的执行计划。God Mode 让人眼前一亮！

---

① AutoGPT 开源项目是一个基于 GPT–4 的自治代理试验，就所设定的目标它能决定如何做，然后自动执行。网址为 https://github.com/Significant-Gravitas/Auto-GPT。——译者注

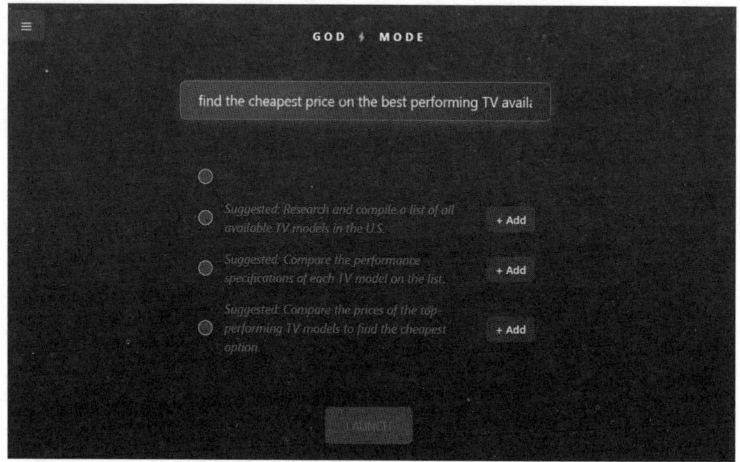

图10-16：给God Mode 派一个任务，它会建议提示语或限定语以便聚焦于自己的任务。

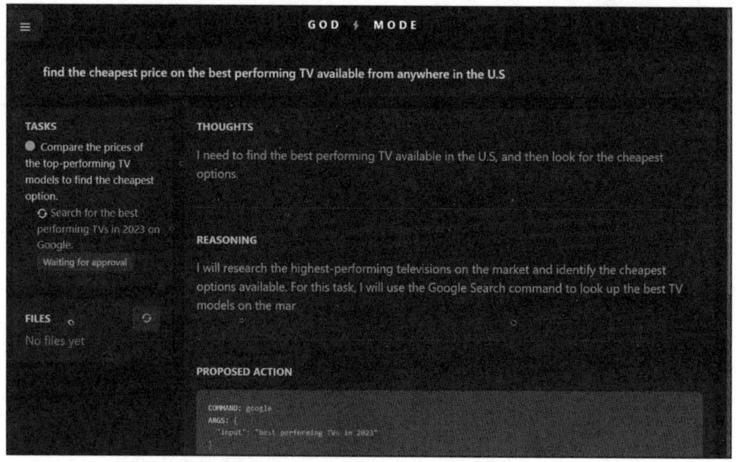

图10-17：God Mode 是一种 AI 代理，在开始执行任务后，它会边执行边计划接下来要做的事情，然后自动执行这些步骤。

致 辞

谨将此书献给斯蒂芬妮·贝克·福斯顿和大卫·福斯顿、本·贝克和凯瑟琳·波鲁克·贝克博士，以及给我源源不断的鼓舞和快乐的孙女们：米拉贝尔、可可、波比和夏洛特。特别感谢本，在我整理快速发展的ChatGPT的细节时，他为我提供了宝贵的反馈与技术建议。感谢凯瑟琳让我使用她位于海边的办公室。感谢两只猫：露娜和辛尼，是你们带来了更多的温馨。感谢斯蒂芬妮，无论在什么情况下，你总是全力以赴。感谢你们在这次以及其他写作之旅中为我提供灵感和支持，并让我的世界更加多彩。

致　谢

即使在最理想的情况下，出版一本书也是一项艰巨的任务，需要很多拥有高超技巧和创新精神的人参与其中。这本书让我们所有人的技能都发挥到了极致，技术的新颖性、它的快速发展以及紧迫的截止日期，都需要我们步调一致、快速前行，最终制作出一本值得读者拥有的书。

我要向所有人献上我最真挚的感谢，是他们使这本书得以完成，并且使它的质量远超我个人所能达到的高度。

特别感谢苏珊·平克，一位不可多得、心地善良的编辑。我要向 Wiley 出版公司才华横溢的编辑和制作团队表示感谢。同时也非常感谢史蒂夫·海耶斯，是他让这本书的出版成为可能。当然，我永远衷心地感谢我的出版经纪人卡洛儿·耶伦。